WERKSTATTBÜCHER

FÜR BETRIEBSBEAMTE, KONSTRUKTEURE U. FACHARBEITER
HERAUSGEGEBEN VON DR.-ING. H. HAAKE VDI

Jedes Heft 50—70 Seiten stark, mit zahlreichen Textabbildungen
Preis: RM 2.— oder, wenn vor dem 1. Juli 1931 erschienen, RM 1.80 (10% Notnachlaß)
Bei Bezug von wenigstens 25 beliebigen Heften je RM 1.50

Die Werkstattbücher behandeln das Gesamtgebiet der Werkstatttechnik in kurzen selbständigen Einzeldarstellungen; anerkannte Fachleute und tüchtige Praktiker bieten hier das Beste aus ihrem Arbeitsfeld, um ihre Fachgenossen schnell und gründlich in die Betriebspraxis einzuführen.

Die Werkstattbücher stehen wissenschaftlich und betriebstechnisch auf der Höhe, sind dabei aber im besten Sinne gemeinverständlich, so daß alle im Betrieb und auch im Büro Tätigen, vom vorwärtsstrebenden Facharbeiter bis zum leitenden Ingenieur, Nutzen aus ihnen ziehen können.

Indem die Sammlung so den einzelnen zu fördern sucht, wird sie dem Betrieb als Ganzem nutzen und damit auch der deutschen technischen Arbeit im Wettbewerb der Völker.

Einteilung der bisher erschienenen Hefte nach Fachgebieten

I. Werkstoffe, Hilfsstoffe, Hilfsverfahren

II. Spangebende Formung

(Fortsetzung 3. Umschlagseite)

WERKSTATTBÜCHER
FÜR BETRIEBSBEAMTE, KONSTRUKTEURE UND FACH-
ARBEITER. HERAUSGEBER DR.-ING. H. HAAKE VDI
HEFT 1

Gewindeschneiden

Von

Otto Max Müller

Beratender Ingenieur, Berlin

Vierte Auflage
(19. bis 24. Tausend)

Mit 182 Abbildungen im Text

Springer-Verlag
Berlin Heidelberg GmbH 1943

ISBN 978-3-662-27198-8 ISBN 978-3-662-28681-4 (eBook)
DOI 10.1007/978-3-662-28681-4

Inhaltsverzeichnis.

Einleitung.

Bei der Bedeutung, die die Gewinde für fast alle Erzeugnisse der metall-
verarbeitenden Industrie haben, ist es nötig, daß die mit ihrer Herstellung Betrauten
nicht nur die· Herstellungsverfahren kennen, sondern auch etwas über die Kon-
struktionselemente der Schraube wissen; dem Ingenieur, der die Schrauben-
konstruktion kennt, sollten andererseits auch die verschiedenen Herstellungsverfahren, ihre Anwendungsgebiete, sowie ihre Vor- und Nachteile vertraut sein. Diese
Kenntnis zu vermitteln ist Zweck dieses Heftes.

I. Grundlagen.

1. Die Leitspindeldrehbank ist irgendwie zur Herstellung von Schrauben aller
Art nötig. Denn auch für Schrauben, die mit Schneideisen, Schneidköpfen, Kluppen
oder ähnlichen Werkzeugen hergestellt werden, wie z. B. Befestigungsschrauben
und Bolzen, müssen doch die zur Herstellung der Werkzeuge nötigen Hilfswerk-
zeuge auf der Drehbank mit Gewinde versehen werden.
Die Drehbank muß also als das grundlegende Werkzeug für die Erzeugung der Gewinde angesehen werden.

2. Entstehung der Schraubenlinie. Steigung, Gang-
höhe. Der Hergang beim Gewindeschneiden auf der
Drehbank ist folgender: Der mit Gewinde zu ver-
sehende Körper von rundem Querschnitt wird auf der
Drehbank in gleichförmig drehende Bewegung versetzt,
während gleichzeitig der Gewindestahl ebenfalls

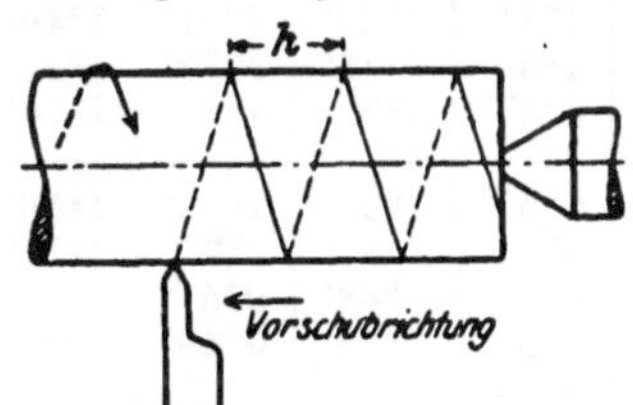

Abb. 1. Entstehung der Schraubenlinie.

gleichförmig in axialer Richtung vorgeschoben wird und dabei den Gewindegang
am Umfange des Körpers einschneidet
(Abb. I). Das Maß, um das sich der Stahl
bei einer Umdrehung des Körpers vorschiebt, gibt die Steigung oder Gang-
höhe h der Schraube an. Das Maß der
Steigung wird entweder unmittelbar angegeben, z. B. „10 mm Steigung" oder
„$^1/_4$" Steigung", oder es wird, wie es bei
englischen und amerikanischen Gewindesystemen üblich ist, auf einen Zoll
bezogen, in diesen Fällen wird angegeben, wieviel Gewindegänge auf einen
Zoll kommen, z. B. 4 Gang auf 1"
statt $^1/_4$" Steigung.

3. Steigungswinkel. Steigungswinkel
wird der Winkel genannt, der bei Ab-
wicklung der Schraubenlinie von der den
Umfang und der den Gewindegang dar-

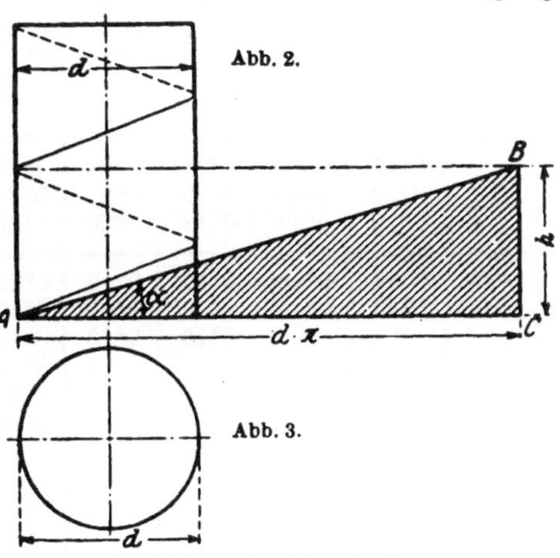

Abwickelung der Schraubenlinie.

stellenden Geraden gebildet wird (Abb. 2 u. 3). In der Abbildung stellt AC den
Umfang $d\pi$, $CB = h$ die Steigung und AB den Gewindegang dar. Der von AB und

AC eingeschlossene Winkel α ist der Steigungswinkel. Er wird berechnet nach der Formel:

$$\operatorname{cotg} \alpha = d\pi/h \quad \text{oder} \quad \operatorname{tg} \alpha = h/d\pi \,.$$

Der Steigungswinkel läßt sich auch leicht zeichnerisch ermitteln, indem man ein Dreieck, wie ABC in Abb. 2 aus dem Umfange $d\pi$ und der Steigung h konstruiert. Der Steigungswinkel kann dann mit genügender Genauigkeit mit einem Winkelmesser bestimmt werden. Wird das Bild beim maßstäblichen Auftragen der ge-

Tabelle 1. Steigungswinkel für metrische Gewinde mit Steigung

Außendurchmesser	0,5	0,6	0,7	0,75	0,8	0,9	1	1,25	1,5	1,75	2	2,5
3	3°24′	4°11′	5°1′									
3,5	2°52′	3°31′	4°11′									
4	2°29′	3°2′	3°36′	3°53′	4°11′	4°48′	5°26′	7°7′	8°58′	11°1′		
4,5	2°11′	2°40′	3°10′	3°24′	3°39′	4°11′	4°44′	6°9′	·7°43′	9°24′		
5	1°57′	2°22′	2°48′	3°2′	3°15′	3°43′	4°11′	5°26′	6°46′	8°12′		
6	1°36′	1°57′	2°19′	2°29′	2°40′	3°2′	3°24′	4°23′	5°26′	6°32′	7°43′	
7	1°21′	1°39′	1°57′	2°6′	2°15′	2°33′	2°52′	3°41′	4°32′	5°26′	6°22′	8°25′
8	1°11′	1°26′	1°41′	1°49′	1°57′	2°13′	2°29′	3°10′	3°53′	4°38′	5°26′	7°7′
9	1°3′	1°16′	1°30′	1°36′	1°43′	1°57′	2°11′	2°47′	3°24′	4°3′	4°43′	6°9′
10	0°57′	1°8′	1°20′	1°26′	1°32′	1°45′	1°57′	2°29′	3°2′	3°36′	4°11′	5°26′
11	0°51′	1°2′	1°13′	1°18′	1°24′	1°35′	1°46′	2°14′	2°44′	3°14′	3°45′	4°51′
12	0°47′	0°57′	1°7′	1°11′	1°16′	1°26′	1°36′	2°2′	2°29′	2°56′	3°24′	4°23′
14	0°40′	0°48′	0°57′	1°1′	1°5′	1°13′	1°22′	1°44′	2°6′	2°29′	2°52′	3°41′
16	0°35′	0°42′	0°49′	0°53′	0°57′	1°4′	1°11′	1°30′	1°49′	2°9′	2°29′	3°10′
18	0°32′	0°37′	0°43′	0°47′	0°50′	0°57′	1°3′	1°20′	1°36′	1°54′	2°11′	2°47′
20	0°28′	0°33′	0°39′	0°42′	0°45′	0°51′	0°57′	1°11′	1°26′	1°42′	1°57′	2°29′
22	0°25′	0°29′	0°36′	0°38′	0°41′	0°46′	0°51′	1°5′	1°18′	1°32′	1°46′	2°14′
24	0°23′	0°28′	0°33′	0°35′	0°37′	0°42′	0°47′	0°59′	1°11′	1°24′	1°36′	2°2′
27	0°21′	0°25′	0°29′	0°31′	0°33′	0°37′	0°42′	0°52′	1°3′	1°14′	1°25′	1°48′
30	0°19′	0°22′	0°26′	0°28′	0°30′	0°33′	0°37′	0°47′	0°57′	1°6′	1°16′	1°36′
33	0°17′	0°20′	0°23′	0°25′	0°27′	0°30′	0°34′	0°42′	0°51′	1°00′	1°9′	1°27′
36	0°16′	0°18′	0°21′	0°23′	0°25′	0°28′	0°31′	0°39′	0°47′	0°55′	1°3′	1°20′
39		0°17′	0°20′	0°21′	0°23′	0°26′	0°29′	0°36′	0°43′	0°51′	0°58′	1°13′
42		0°16′	0°18′	0°20′	0°21′	0°24′	0°26′	0°33′	0°40′	0°47′	0°54′	1°8′
45		0°15′	0°17′	0°18′	0°20′	0°22′	0°25′	0°31′	0°37′	0°44′	0°50′	1°3′
48		0°14′	0°16′	0°17′	0°19′	0°21′	0°23′	0°29′	0°35′	0°41′	0°47′	0°59′
52		0°13′	0°15′	0°16′	0°17′	0°19′	0°21′	0°27′	0°32′	0°38′	0°43′	0°54′
56				0°15	0°16′	0°18′	0°20′	0°25′	0°30′	0°35′	0°40′	0°50′
60						0°17′	0°19′	0°23′	0°28′	0°33′	0°37′	0°47′
64						0°16′	0°17′	0°22′	0°26′	0°30′	0°35′	0°44′
68											0°33′	0°41′
72											0°31′	0°39′
76											0°29′	0°37′
80											0°28′	0°35′
84											0°27′	0°33′
88												
92												
96												
100												

gebenen Stücke zu klein, so ist es zweckmäßig, AC und BC in vergrößertem Maß-
stabe aufzuzeichnen; es müssen dabei aber beide Werte mit derselben Zahl mal-
genommen werden. Ist z. B. der Schraubendurchmesser 40 mm, die Steigung
12 mm, so ist $AC = 40 \cdot 3{,}14$ mm; $BC = 12$ mm. Will man das Dreieck im Maß-
stabe von 2:1 aufzeichnen, so wird $AC = 2 \cdot 40 \cdot 3{,}14$ mm; $BC = 2 \cdot 12$ mm.
Der Winkel α wird von der Vergrößerung des Maßstabes für AC und BC nicht
berührt; er bleibt unverändert.

60° Flankenwinkel, bezogen auf den Flankendurchmesser.

Steigung

3	3,5	4	4,5	5	5,5	6	7	8	9	10	11	12
7°42'												
6°46'	8°12'											
6°1'	7°16'	8°37'										
5°26'	6°35'	7°43'	8°9'									
4°32'	5°26'	6°22'	6°48'	8°25'								
3°53'	4°38'	5°26'	5°51'	7°7'	8°1'							
3°24'	4°3'	4°44'	5°7'	6°9'	6°55'	7°43'						
3°2'	3°36'	4°11'	4°33'	5°26'	6°7'	6°46'						
2°44'	3°14'	3°45'	4°18'	4°51'	5°26'	6°3'	7°24'					
2°29'	2°56'	3°24'	3°53'	4°23'	4°54'	5°26'	6°34'	7°47'	8°58'			
2°11'	2°35'	2°59'	3°24'	3°50'	4°16'	4°43'	5°40'	6°40'	7°43'	8°49'	10°	11°15'
1°57'	2°18'	2°40'	3°2'	3°24'	3°47'	4°11'	5°	5°52'	6°46'	7°43'	8°43'	9°46'
1°46'	2°5'	2°24'	2°44'	3°4'	3°24'	3°45'	4°29'	5°14'	6°1'	6°51'	7°43'	8°37'
1°36'	1°54'	2°11'	2°29'	2°47'	3°5'	3°24'	4°3'	4°43'	5°27'	6°9'	6°55'	7°43'
1°29'	1°44'	2°	2°16'	2°33'	2°50'	3°7'	3°42'	4°19'	4°56'	5°36'	6°16'	7°2'
1°22'	1°36'	1°51'	2°6'	2°21'	2°36'	2°52'	3°24'	3°58'	4°32'	5°7'	5°44'	6°23'
1°16'	1°30'	1°43'	1°57'	2°11'	2°25'	2°40'	3°9'	3°40'	4°11'	4°44'	5°17'	5°52'
1°11'	1°22'	1°36'	1°49'	2°2'	2°15'	2°29'	2°56'	3°24'	3°54'	4°23'	4°54'	5°26'
1°6'	1°17'	1°29'	1°40'	1°52'	2°4'	2°17'	2°41'	3°7'	3°33'	4°	4°28'	5°3'
1°1'	1°11'	1°22'	1°33'	1°44'	1°55'	2°6'	2°23'	2°52'	3°16'	3°41'	4°6'	4°32'
0°57'	1°6'	1°16'	1°26'	1°36'	1°47'	1°57'	2°18'	2°40'	3°1'	3°24'	3°48'	4°11'
0°53'	1°2'	1°11'	1°21'	1°30'	1°40'	1°49'	2°9'	2°29'	2°49'	3°10'	3°32'	3°53'
0°50'	0°58'	1°7'	1°16'	1°24'	1°33'	1°42'	2°1'	2°19'	2°38'	2°58'	3°17'	3°38'
0°47'	0°54'	1°3'	1°11'	1°20'	1°28'	1°36'	1°54'	2°11'	2°29'	2°47'	3°5'	3°24'
0°44'	0°52'	1°	1°6'	1°15'	1°23'	1°31'	1°47'	2°4'	2°20'	2°37'	2°55'	3°12'
0°42'	0°49'	0°57'	1°4'	1°11'	1°18'	1°26'	1°41'	1°57'	2°13'	2°29'	2°45'	3°2'
0°40'	0°47'	0°54'	1°1'	1°8'	1°15'	1°22'	1°36'	1°51'	2°6'	2°21'	2°36'	2°52'
	0°45'	0°51'	0°58'	1°5'	1°11'	1°18'	1°32'	1°46'	2°	2°14'	2°29'	2°44'
	0°43'	0°49'	0°55'	1°2'	1°8'	1°14'	1°28'	1°41'	1°54'	2°8'	2°22'	2°36'
	0°41'	0°47'	0°53'	0°59'	1°5'	1°11'	1°24'	1°36'	1°49'	2°2'	2°15'	2°29'
	0°39'	0°45'	0°51'	0°57'	1°3'	1°8'	1°20'	1°32'	1°45'	1°57'	2°9'	2°22'

Aus dem angeführten Rechnungsbeispiel geht hervor, daß der Steigungswinkel bestimmt wird durch die Steigung h und den Durchmesser d der Schraube. Daraus folgt, daß für die verschiedenen Durchmesser des Gewindes ebenso viele verschiedene Steigungswinkel sich ergeben. Für die in Abb. 4 dargestellte Schraube sind die Steigungswinkel z. B. für Außen- und Kerndurchmesser in Abb. 5 gegenübergestellt. Man nimmt wegen der oft recht beträchtlichen Unterschiede zwischen diesen beiden Werten in der Praxis für Berechnungen meist den mittleren Steigungswinkel an. Diesen erhält man durch Einsetzen des mittleren Durchmessers in die Formel zur Berechnung des Steigungswinkels. Der mittlere Durchmesser d_m wird gefunden, indem man Außen- und Kerndurchmesser

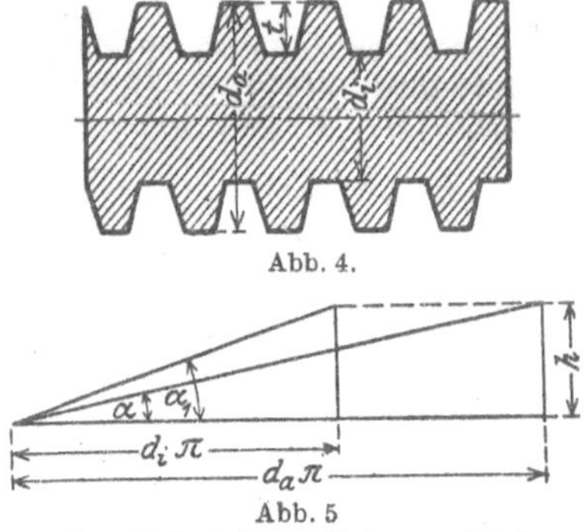

Abb. 4.

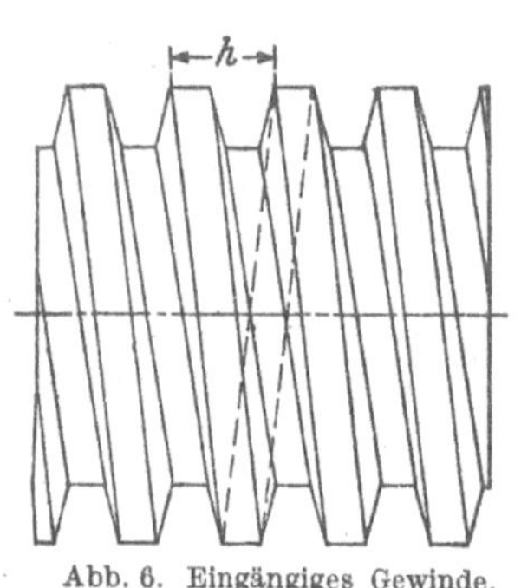

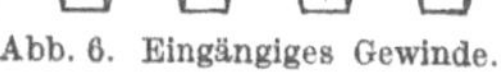

Abb. 5

Verschiedenheit der Steigungswinkel.

addiert und den so erhaltenen Wert durch 2 dividiert; das ergibt die Formel: $d_m = {}^1/_2\,(d_a + d_i)$. Tabelle 1 enthält die Steigungswinkel der metrischen Gewinde.

4. Mehrgängige Gewinde sind solche, die zwei oder mehr zueinander parallele Schraubengänge von gleicher Form und gleichen Abmessungen aufweisen. Sie finden Anwendung, wenn die Steigung im Verhältnis zum Außendurchmesser groß ist, haben also fast immer große Steigungswinkel. Die mehrgängige Ausführung wird deshalb gewählt, weil bei eingängiger Ausführung die Gewindelücke sehr tief,

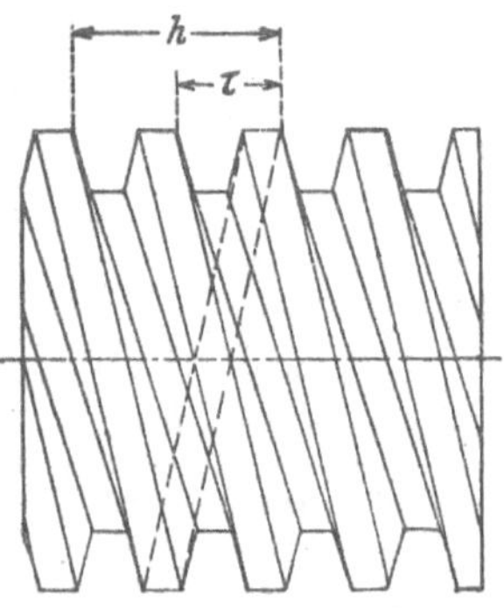

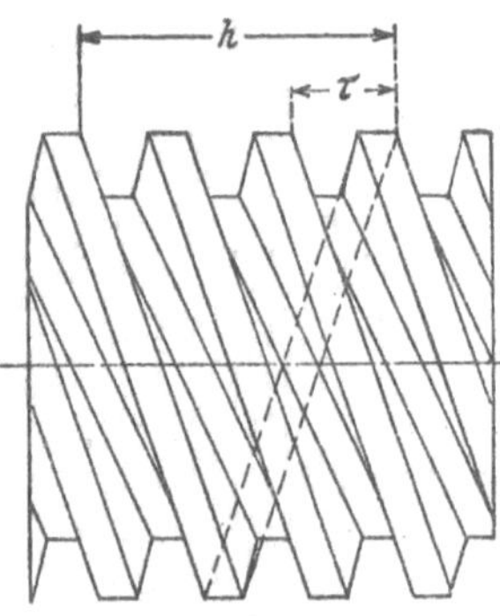

Abb. 6. Eingängiges Gewinde.   Abb. 7. Zweigängiges Gewinde.   Abb. 8. Dreigängiges Gewinde.

also der Kerndurchmesser so schwach ausfallen würde, daß die Schraube den Beanspruchungen nicht mehr genügen oder die Herstellung der zugehörigen Mutter große Schwierigkeiten bereiten würde. Demzufolge bestimmt sich die Anzahl der Gewindegänge aus den Konstruktionsunterlagen der Teile. Hat die Schraube zwei Gänge, so spricht man von zweifachem oder zweigängigem, bei drei Schraubengängen von dreifachem oder dreigängigem Gewinde usw. Die Anzahl der Schraubengänge hat jedoch mit der Steigung nichts zu tun; diese ist vielmehr völlig unabhängig von der Anzahl der Schraubengänge. Die in Abb. 6···8 dargestellten Schrauben zeigen je ein eingängiges, zweigängiges und dreigängiges Gewinde. Die Gewindeprofile sind in allen drei Fällen gleich. Das Maß von einer Profilkante bis zur nächsten, benachbarten, ist bei einfachem Gewinde gleich der Steigung; bei mehrfachem Gewinde nennt man dieses Maß τ Teilung. Die Steigung ist bei Schrauben mit mehrfachem Gewinde derart festzustellen, daß man bei zweifachem Gewinde von einer Profilkante bis zur zweitnächsten (Abb. 7), bei dreifachem

Gewinde bis zur drittnächsten entsprechenden Profilkante mißt, (Abb. 8). Die Teilung eines mehrfachen Gewindes soll immer gleich der normalen Steigung eines einfachen Gewindes sein.

5. Gewindeform. Die Form der Gewinde ist verschieden; sie bestimmt sich nach dem Verwendungszweck. Die gebräuchlichsten Grundformen sind das Dreieck, das Trapez und das Rechteck. Die Gewinde werden danach unterschieden in Spitzgewinde (Abb. 9), Trapezgewinde (Abb. 10) und Flachgewinde (Abb. 11). Im folgenden sind nur diese drei Arten behandelt; doch gilt das Gesagte sinngemäß auch für alle sonst vorkommenden Profile (Sägengewinde, Kordelgewinde usw.). Für Spitzgewinde und Trapezgewinde sind die Profile genormt, die am meisten vorkommenden Profile sind das Metrische Gewinde (Abb. 12), das Whitworth-Gewinde (Abb. 13, meist mit Spitzenspiel wie in Abb. 12 benutzt) und das Trapez-Gewinde (Abb. 14). Bei Flachgewinden (Abb. 11) wird die Gewindetiefe meist gleich der halben Steigung gewählt.

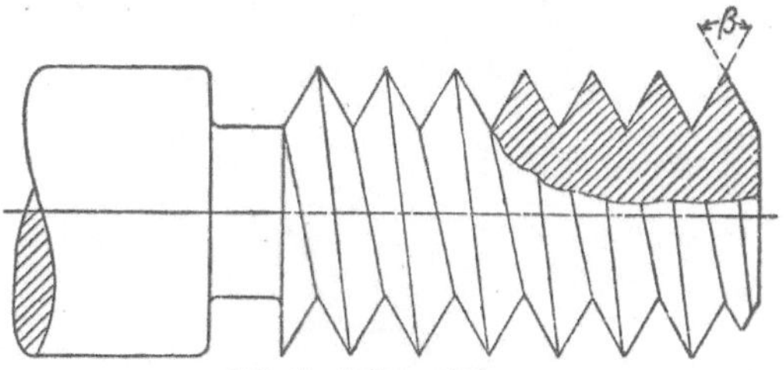

6. Profilwinkel. Der Profilwinkel ist bei Spitzgewinden meist 60°, wie beim Metrischen Gewinde (Abb. 12), oder 55° wie beim Whitworth-Gewinde (Abb. 13). Für das Trapezgewinde, das auch für Schnecken in Betracht kommt, wurde früher meist ein Profilwinkel von 29° zugrunde gelegt, die neuen Normen schreiben 30° vor (Abb. 14).

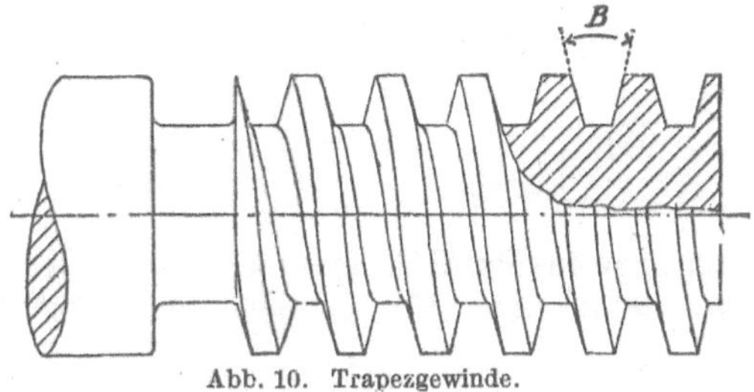

Abb. 9. Spitzgewinde.

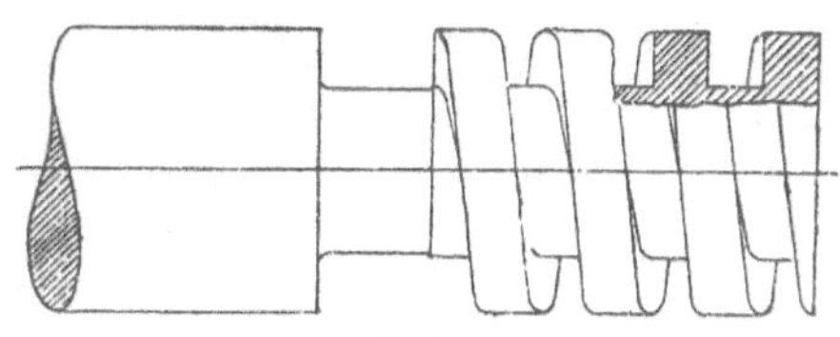

Abb. 10. Trapezgewinde.

Abb. 11. Flachgewinde.

Um die Werkzeuge zur Herstellung der Spitzgewinde widerstandsfähiger zu machen, ferner um die Außenkanten der Gewindegänge weniger empfindlich zu

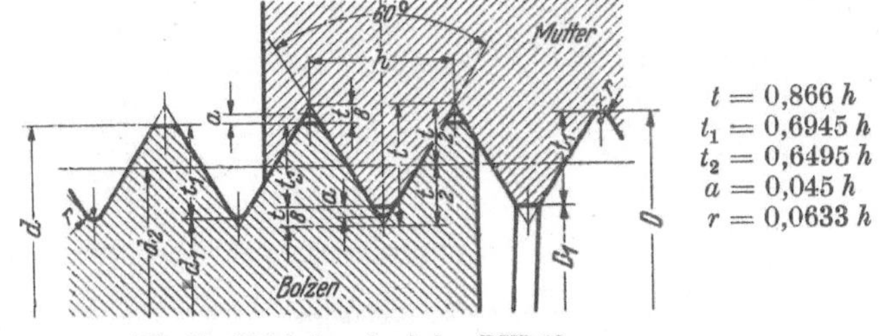

$$t = 0{,}866\,h$$
$$t_1 = 0{,}6945\,h$$
$$t_2 = 0{,}6495\,h$$
$$a = 0{,}045\,h$$
$$r = 0{,}0633\,h$$

Abb. 12. Metrisches Gewinde. DIN 13.

gestalten und den Kerndurchmesser der Schrauben zu vergrößern, sind die Spitzgewindeprofile außen und im Kern abgeflacht (Abb. 12) oder abgerundet (Abb. 13).

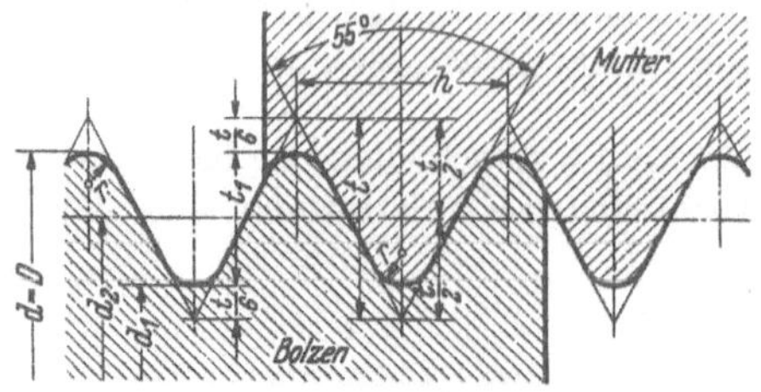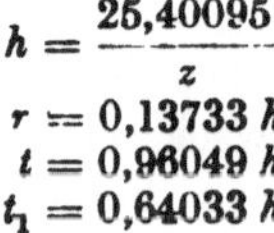

$$h = \frac{25{,}40095}{z}$$
$$r = 0{,}13733\,h$$
$$t = 0{,}96049\,h$$
$$t_1 = 0{,}64033\,h$$

Abb. 13. Whitworth-Gewinde. DIN 11.

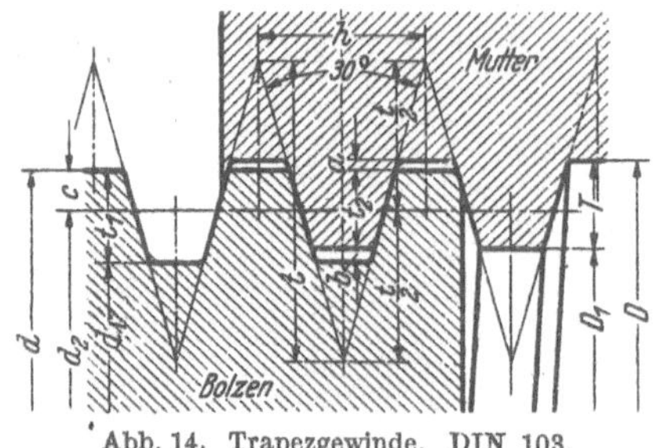

$$t = 1{,}886\,h$$
$$t_1 = 0{,}5\,h + a$$
$$t_2 = 0{,}5\,h + a - b$$
$$T = 0{,}5\,h + 2\,a - b$$
$$a = 0{,}25\ \text{mm bis } h = 12\ \text{mm,}$$
$$\text{darüber} = 0{,}5\ \text{mm}$$
$$b = 0{,}5\ \text{mm bis } h = 4\ \text{mm,}$$
$$0{,}75\ \text{mm bis } h = 12\ \text{mm,}$$
$$\text{darüber } 1{,}5\ \text{mm}$$

Abb. 14. Trapezgewinde. DIN 103.

7. Lage des Profiles. Das Gewindeprofil soll immer symmetrisch zur Schraubenachse stehen (Abb. 15); schiefstehende Profile (Abb. 16) können keine gut passen-

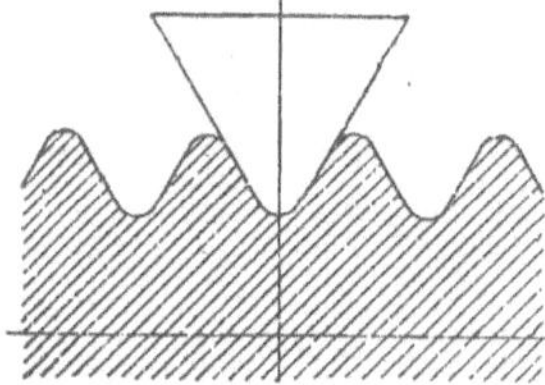

Abb. 15. Richtigstehendes Profil.

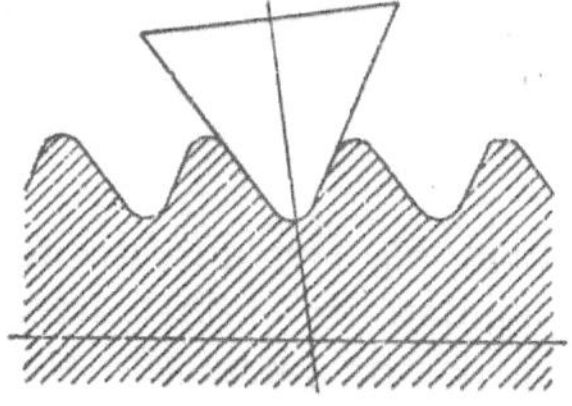

Abb. 16. Schiefstehendes Profil.

den Gewinde ergeben. Ferner soll das Profil radial zur Schraubenachse stehen und in der Längsrichtung mit dieser in einer Ebene liegen; d. h. die Profilebene muß so liegen, wie in Abb. 18 durch die Linie gh und in Abb. 17 durch die Linie ab

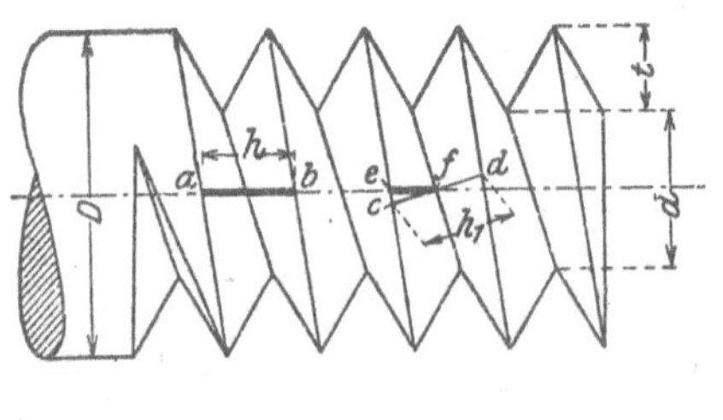

Abb. 17.

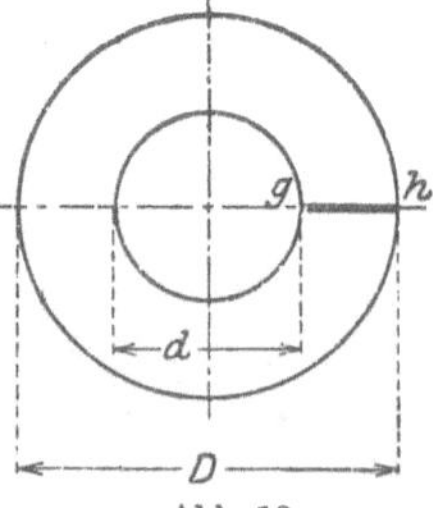

Abb. 18.

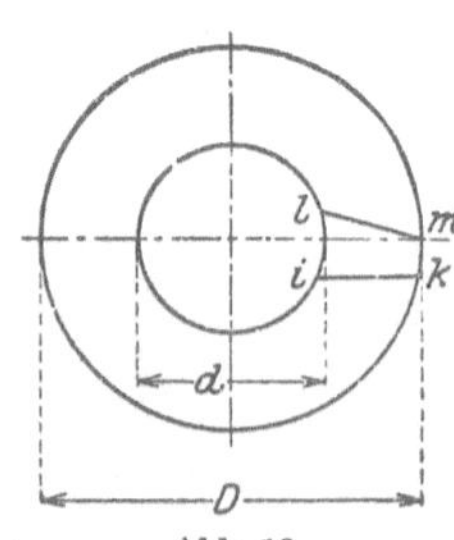

Abb. 19.

Lage des Profils zur Drehachse.

dargestellt ist. Das entspricht einem Stahle mit einer Schneidbrust nach Abb. 22 bis 24.

In der Praxis wird häufig gegen diese Forderungen verstoßen, indem das geradlinige Profil entweder durch ungenaue Herstellung der Schneidwerkzeuge in eine Lage gebracht wird, die durch die Linie lm in Abb. 19 dargestellt ist, oder durch falsche Einstellung der Schneidwerkzeuge in eine Lage, die durch Linie ik (Abb. 19) oder cd (Abb. 17) bezeichnet ist. Stähle mit diesen Fehlern sind in Abb. 25···27 dargestellt. Nicht selten werden auch zwei oder alle Fehler gleich-

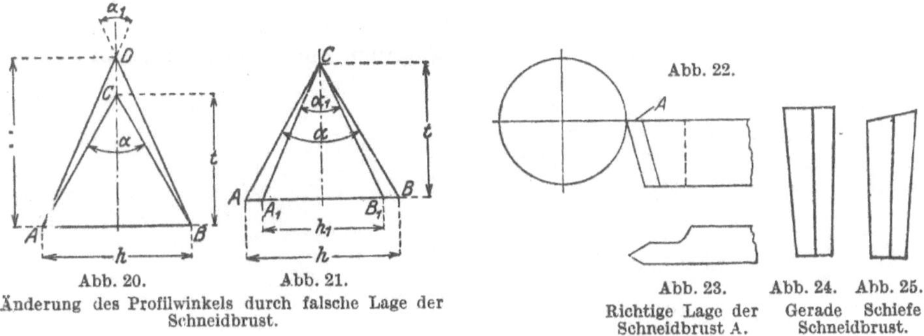

Abb. 20.   Abb. 21.
Änderung des Profilwinkels durch falsche Lage der
Schneidbrust.

Abb. 22.

Abb. 23.   Abb. 24.   Abb. 25.
Richtige Lage der   Gerade   Schiefe
Schneidbrust A.   Schneidbrust.

zeitig gemacht. Die Fehler äußern sich in einer Profilverzerrung des Gewindes; der Profilwinkel ändert sich, und die Profilkanten sind keine geraden, sondern gekrümmte Linien.

Die in Abb. 19 dargestellten Fehler sind nachweisbar durch folgende Betrachtung: Das Profildreieck ABC (Abb. 20) ist bestimmt durch die Steigung h und die Gewindetiefe t (Abb. 17): t ist gleich gh in Abb. 18. Wie aus Abb. 19 zu ersehen ist und sich auch rechnerisch leicht nachweisen läßt, ist sowohl ik als auch lm größer als gh in Abb. 18, also auch größer als t. Da die Steigung h aber in allen Fällen die gleiche ist, so ergibt sich z. B. für die Tiefe lm ein neues Dreieck ABD in Abb. 20, dessen Höhe t' größer als t ist; dessen Winkel α_1 also kleiner sein muß als der ursprüngliche Profilwinkel α.

In ähnlicher Weise ist der in Abb. 17 angegebene Fehler mit Hilfe des Dreieckes cef nachweisbar: $cf = {}^1/_2 h_1$ ist kleiner als $ef = {}^1/_2 h$; folglich ist h_1 kleiner als h. Es ergeben sich also für h_1 und h zwei verschiedene Profildreiecke, nämlich

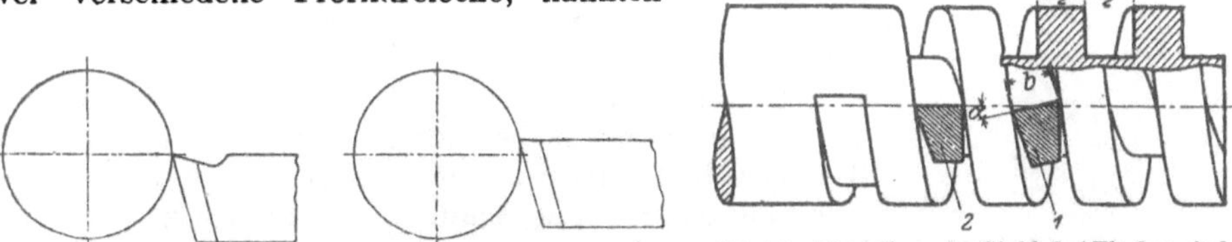

Abb. 26.   Abb. 27.
Falsche Lage der Spanfläche der Schneide.

Abb. 28. Einstellung des Stahls bei Flachgewinde.

Dreieck ABC für h und A_1B_1C für h_1 (Abb. 21); beide Dreiecke haben die Höhe t gemeinsam. Der Profilwinkel α_1 für h_1 ist aber kleiner als α für h.

Die Flankenkrümmung läßt sich zeichnerisch ermitteln; hierauf weiter einzugehen, erübrigt sich, da eine praktische Anwendung der Konstruktion zu den Seltenheiten gehört.

Auch bei Flachgewinden treten bei falscher Einstellung des Gewindestahles Profilverzerrungen ein. Die Breite des Gewindestahles ist bei Flachgewinden, eingängiges Gewinde vorausgesetzt, gleich ${}^1/_2 h$ (Abb. 28). Wird nun der Stahl in die Gangrichtung eingestellt, Stellung 1 (Abb. 28), statt, wie es richtig ist, nach Stellung 2 (Abb. 28), so muß dessen Breite b entsprechend dem Steigungswinkel berechnet werden; dies geschieht nach der aus dem Dreieck cef in Abb. 17 abzu-

leitenden Formel: $b = \frac{1}{2} h \cos \alpha$, worin α der Steigungswinkel ist. Da dieser
aber für jeden Durchmesser ein anderer, besonders aber für den Kerndurchmesser
wesentlich größer ist als für den Außendurchmesser, so wird der Rechnungswert,
also das Maß b, ebenfalls für jeden Durchmesser ein anderer, und zwar mit größer
werdendem Winkel α kleiner. Da nun der nach Abb. 28 in Stellung *1* eingespannte
Stahl in gleicher Lage sowohl am Außen-
wie auch am Kerndurchmesser schnei-

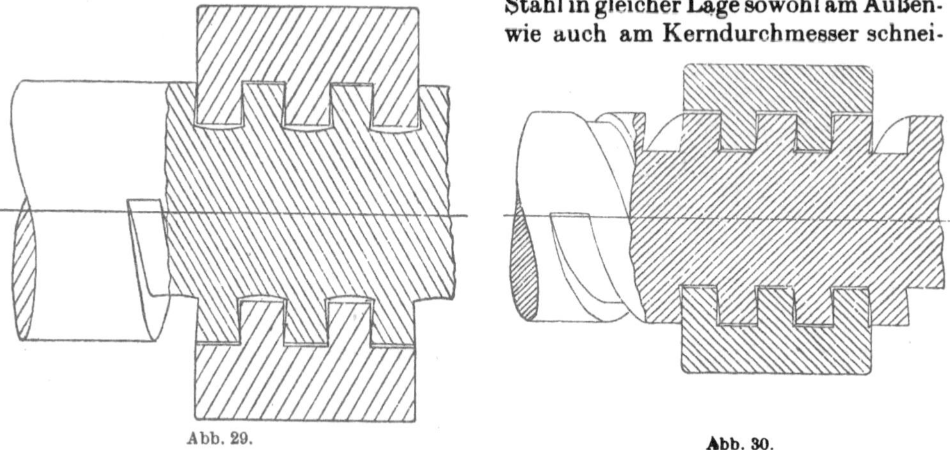

Abb. 29.   Abb. 30.
Profilverzerrung durch falsche Stahlstellung.

det, so muß die Gewindelücke nach dem Kerndurchmesser zu weiter werden; das Ergebnis ist ein Gewinde nach Abb. 29. Wird der Stahl nach Abb. 27 über oder
unter Mitte gestellt, so entsteht ein schiefstehendes Profil (Abb. 30).

8. Spielraum an den Spitzen. Für ein Gewinde sind drei Durchmesser bestimmend, nämlich der Außendurchmesser d, der Kerndurchmesser d_1 und der Flanken-

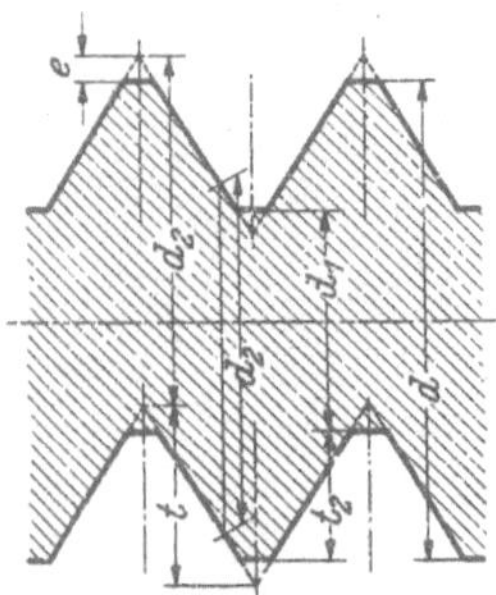

Abb. 31. Flankenmaß.

durchmesser d_2 (Abb. 12). Der Außendurchmesser d ist
das Nennmaß der Schraube; ist also von einer Schraube
von 16 mm Durchmesser die Rede, so ist damit der
Außendurchmesser gemeint (der jedoch um die Arbeits-
toleranz, die gerade außen meist nicht gering ist, kleiner
sein kann).

Der Kerndurchmesser d_1 ist der kleinste Durchmesser
der Schraube; er ist bei der Bestimmung der zulässigen
Beanspruchung der Schraube maßgebend, indem der Berechnung der Kernquerschnitt zugrunde gelegt wird. Zur
Erreichung eines guten Zusammenpassens von Schraube
und Mutter ist es nötig, daß die Gewinde in den Flanken
zur Anlage und damit zum Tragen kommen. Um dies
sicher zu erreichen, ist bei allen Gewindesystemen im Außen- und Kerndurchmesser zwischen Schraube und Mutter ein Spielraum vorgesehen; der äußere
Gewindedurchmesser der Mutter ist etwas größer als der Außendurchmesser
der Schraube, und der Kerndurchmesser der Schraube kleiner als der kleinste
Gewindedurchmesser der Mutter, so daß die Schraube weder im Außen- noch
im Kerndurchmesser trägt, sondern nur in den Flanken. Nur das Original-
Whitworth-Gewinde hat diese Spielräume nicht. Dieses Gewinde ist deshalb
auch schwerer genau herzustellen, da es schwierig ist, zugleich Außen- und
Kerndurchmesser sowie die Flanken zum Tragen zu bringen. Es ist das aber
auch selten nötig.

9. Flankenmaß. Es könnte nun der Fall eintreten, daß Gewinde mit richtigem Außendurchmesser doch zu schwach sind; und zwar dann, wenn die Abrundung bzw. Abflachung im Kern zu groß ist (Abb. 32). Zur Vermeidung solcher Fehler dient die Feststellung des Flankendurchmessers oder Flankenmaßes. Es ist das der senkrecht zur Achse gemessene Abstand der gegenüberliegenden Flanken, also das Maß d_2 (Abb. 31, vgl. Abb. 12···14). Denkt man sich die Profilkanten des Gewindes so weit verlängert, bis sie sich schneiden, so daß also die dem Profil zugrunde gelegten Dreiecke entstehen (Abb. 31), so ist der Abstand von der äußeren Spitze eines Dreieckes bis zur inneren Spitze des gegenüberliegenden Dreieckes ebenfalls gleich dem Flankenmaß. Es wird also berechnet, indem man zu dem Außendurchmesser zweimal e hinzurechnet und t abzieht. Das ergibt die Formel: $d_2 = d + 2e - t$. Handelt es sich um Gewindesysteme, bei denen die Abrundungen bzw. Abflachungen am Außen- und Kerndurchmesser gleich groß sind, so vereinfacht sich die Rechnung; es ist dann nur nötig, von dem Außendurchmesser eine Gewindetiefe t_2 (Abb. 12 u. 31) abzuziehen; es ist also dann: $d_2 = d - t_2$ (vgl. Abb. 12 u. 14; bei Gewinden nach Abb. 13 ist $t_2 = t_1$).

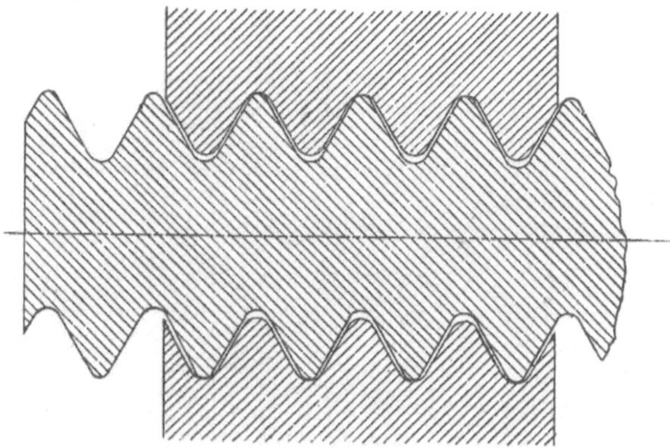

Abb. 32. Gewinde mit zu schwachem Flankenmaß.

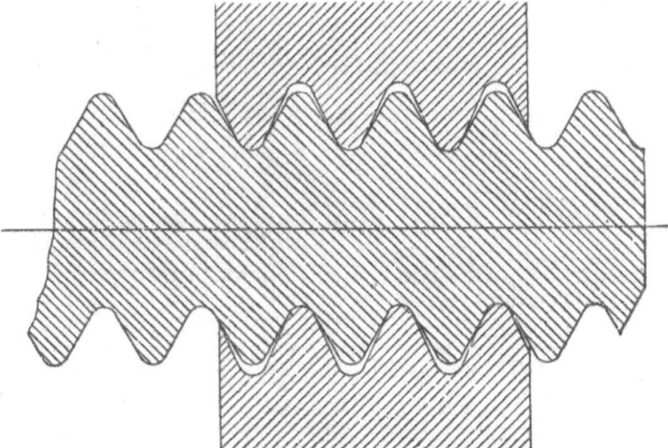

Abb. 33. Der Profilwinkel der Schraube ist zu groß.

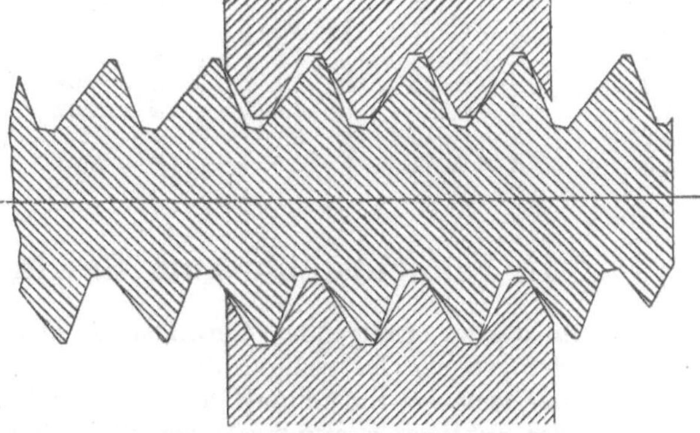

Abb. 34. Das Profil der Schraube steht schief.

Zur leichten Bestimmung der Flankendurchmesser metrischer Gewinde dient die Tabelle 2: Zur Bestimmung des Flankendurchmessers d_2 ist vom Außendurchmesser d der für die jeweilige Steigung in der Tabelle angegebene Wert abzuziehen.

In den Abb. 32···35 ist eine Anzahl der am meisten vorkommenden Fehler, die bei Herstellung der Gewinde gemacht werden, zusammengestellt.

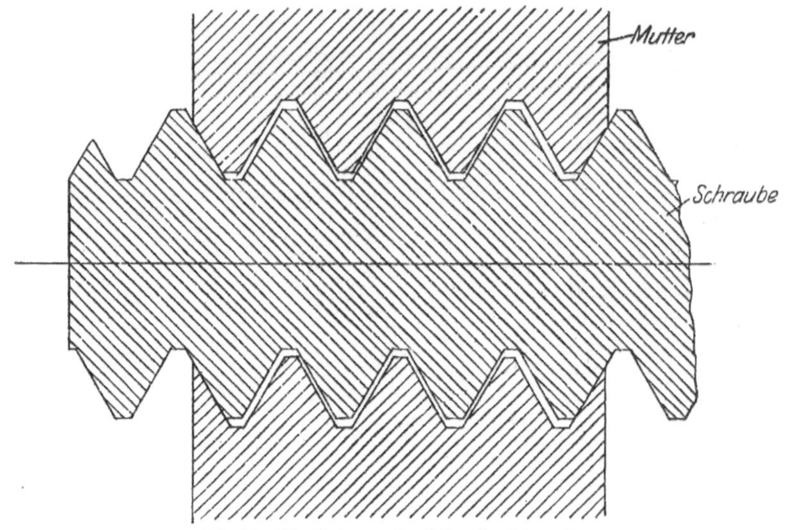

Abb. 35. Die Steigung der Schraube ist zu kurz.

Abb. 32 ··· 35. Fehler bei der Herstellung der Gewinde.

Tabelle 2. Flankendurchmesser für metrische Gewinde mit 60 Grad Flankenwinkel (Abb. 12).

Beispiel: Ein Gewinde von $d = 40$ mm Außendurchmesser und $h = 3,5$ mm Steigung hat einen Flankendurchmesser

$$d_2 = 40 - 2,273 = 37,727 \text{ mm}.$$

Steigung h mm	Flankendurchmesser d_2 mm	Steigung h mm	Flankendurchmesser d_2 mm	Steigung h mm	Flankendurchmesser d_2 mm
0,5	$d - 0,325$	1,75	$d - 1,137$	6	$d - 3,897$
0,6	$d - 0,39$	2	$d - 1,299$	6,5	$d - 4,221$
0,7	$d - 0,455$	2,5	$d - 1,624$	7	$d - 4,546$
0,75	$d - 0,487$	3	$d - 1,949$	7,5	$d - 4,871$
0,8	$d - 0,52$	3,5	$d - 2,273$	8	$d - 5,196$
0,9	$d - 0,585$	4	$d - 2,598$	9	$d - 5,845$
1	$d - 0,65$	4,5	$d - 2,923$	10	$d - 6,495$
1,25	$d - 0,812$	5	$d - 3,248$	11	$d - 7,144$
1,5	$d - 0,974$	5,5	$d - 3,572$	12	$d - 7,794$

II. Schneidstähle zum Gewindeschneiden.

Die Güte des zu erzeugenden Gewindes ist abhängig:

1. von der genauen Herstellung der Gewindeschneidstähle,
2. von der genauen Einstellung der Schneidstähle,
3. von der richtigen Bestimmung der Wechselräder,
4. von dem richtigen Anwenden und Einstellen der sonstigen Einrichtungen der Drehbank,
5. von der sauberen und genauen Ausführung des Schneidens selbst,
6. von der richtigen Ausführung des Messens.

Die Berechnung der Wechselräder soll hier nicht behandelt werden; dieser Punkt scheidet also für unsere Betrachtungen aus. Das gleiche gilt für das Messen der Gewinde[1].

A. Die Schneidstähle für Außengewinde.

10. Lage der Schneidfläche. Wie bereits erwähnt, soll das Gewinde in einem Schnitt durch die Achse der Schraube das richtige Profil aufweisen (Abb. 17 u. 18). Da die obere Schneidfläche A des Stahles (Abb. 22) bestimmend für das Gewindeprofil ist, so ergibt sich daraus, daß diese Fläche das genaue Gewindeprofil haben muß. Ferner ist nötig, daß diese Fläche A genau radial zum Arbeitsstück steht, d. h. die Verlängerung der Schneidfläche muß durch Mitte Arbeitsstück, also durch die Drehmitte gehen. Liegt die Auflagefläche des Stahles waagerecht, was im folgenden immer vorausgesetzt ist, so muß die Spanfläche A des Stahles auf Mitte stehen und parallel zur Auflagefläche liegen (Abb. 22 ··· 24). Eine schiefe Lage der Schneidfläche, wie in Abb. 25 und 26, oder eine zu hohe oder zu tiefe Stellung nach Abb. 27 würde nach dem im vorhergehenden Abschnitt Gesagten eine Profilverzerrung des Gewindes mit sich bringen.

11. Gewöhnliche Gewindestähle. In den meisten Betrieben werden noch geschmiedete Gewindestähle nach Abb. 23 benutzt. Die genaue Formgebung und

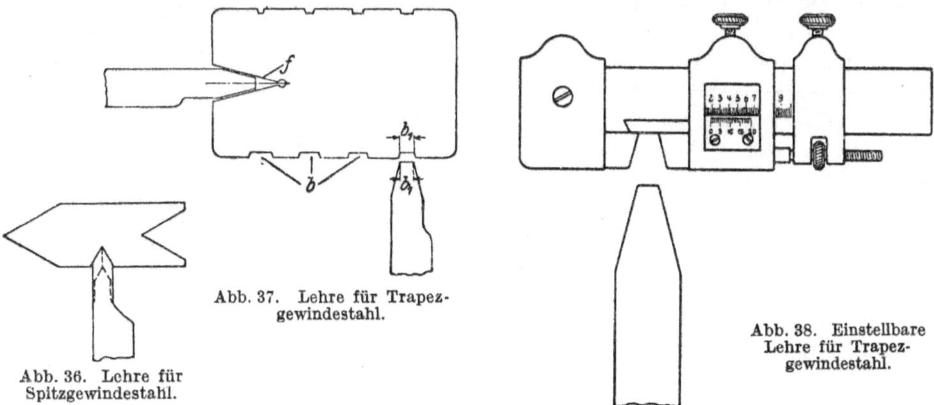

Abb. 37. Lehre für Trapezgewindestahl.

Abb. 38. Einstellbare Lehre für Trapezgewindestahl.

Abb. 36. Lehre für Spitzgewindestahl.

das Nachschleifen erfolgt meist durch die Dreher, die die Stähle benutzen. Bei Spitzgewinden wird dabei die bekannte Spitzenlehre (Abb. 36), die den Profilwinkel des Gewindes angibt, benutzt. Die Abrundung bzw. Abflachung der Spitze wird meist mit einem Ölstein von Hand vorgenommen. Hat das zu schneidende Gewindeprofil auch am Außendurchmesser Abrundungen, wie das Whitwort-Gewinde (Abb. 13), so sind, strenggenommen, diese einfachen Stähle dafür nicht verwendbar, da mit ihnen die Herstellung der Außenabrundung nicht ausführbar ist. Trotzdem werden diese Stähle häufig für solche Gewinde benutzt; die Außenabrundung wird dann entweder gar nicht oder mit der Feile ausgeführt. Beides ist durchaus falsch; das Ergebnis ist ein fehlerhaftes Gewinde nach Abb. 32.

Für die Stähle zum Schneiden von Trapezgewinden gilt sinngemäß das oben über Spitzgewinde Gesagte. Bei Herstellung der Stähle wird zweckmäßig so verfahren, daß diese zunächst nach dem tiefen Einschnitt f der in Abb. 37 dargestellten Lehre mit dem genauen Flankenwinkel versehen werden, wobei die Breite b der

---

[1] Die Berechnung der Wechselräder, auch für die schwierigsten Fälle, behandeln ausführlich Heft 4 und 63 dieser Sammlung; das Messen der Gewinde Heft 2 und 65.

Stähle etwas kleiner gehalten wird als das Fertigmaß ist. Darauf wird die vordere Fläche so weit abgeschliffen, bis das gewünschte Maß erreicht ist. Die Breite b_1 wird an der Lehre Abb. 37 mittels der flachen Einschnitte, die für die verschiedenen normalen Steigungen in die Lehre eingearbeitet sind, festgestellt. In Abb. 38 ist eine verstellbare Lehre für diesen Zweck dargestellt, die nach Art einer Feinmeß-schublehre ausgebildet ist. Die Lehre gestattet Ablesungen von $^1/_{50}$ mm. Die Breite b_1 der Stähle wird für Gewinde mit 30° Flankenwinkel berechnet nach der Formel[1]: $b_1 = 0,366\,h - 0,134$ mm, worin h die Steigung nach Abb. 14 bedeutet.

Handelt es sich um ein mehrgängiges Gewinde, so ist dabei zu berücksichtigen, daß dessen Profil einem Gewinde entspricht, das sich aus der Division der Steigung durch die Anzahl der einzuschneidenden Gänge ergibt. Zweigängiges Gewinde erhält also das Profil eines Gewindes von halb so großer Steigung; dreigängiges Gewinde ein solches, das einem Drittel der wirklichen Steigung entspricht usw. Ist z. B. ein dreifaches Gewinde mit 18 mm Steigung zu schneiden, so wird das Profil eines Gewindes von 18 : 3 = 6 mm Steigung verwendet.

12. Schneidwinkel. Wie bei allen Drehstählen, so ist auch bei den Gewindestählen die Beachtung der Schneidwinkel von Wichtigkeit. Der Freiwinkel k (Abb. 39) sollte möglichst nicht kleiner als 5···6° gewählt werden. Bei Stählen

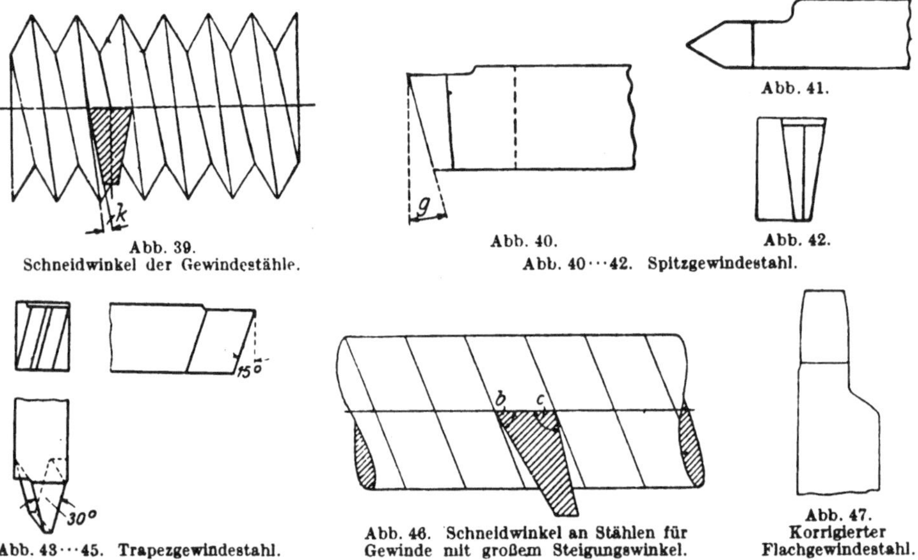

Abb. 39.
Schneidwinkel der Gewindestähle.

Abb. 40.

Abb. 41.

Abb. 42.

Abb. 40···42. Spitzgewindestahl.

Abb. 43···45. Trapezgewindestahl.

Abb. 46. Schneidwinkel an Stählen für Gewinde mit großem Steigungswinkel.

Abb. 47.
Korrigierter
Flachgewindestahl.

zum Schneiden von Spitzgewinden mit einem Steigungswinkel bis zu 3°, das sind z. B. die normalen metrischen und Whithworth-Gewinde, kann der Profilteil des Gewindestahles senkrecht angearbeitet werden (Abb. 40···42), wenn der Winkel g mindestens 15° beträgt. Der seitliche Freiwinkel k nach Abb. 39 ist dann immer noch genügend groß, um ein freies Arbeiten der Stahlschneide zu gestatten.

Für Gewinde mit größerem Steigungswinkel, wie sie besonders bei Trapez- und Flachgewinden vorkommen, muß man, um den Flanken des Stahles einen Freiwinkel geben zu können, den Profilteil des Stahles um den Steigungswinkel des Gewindes zur Senkrechten neigen (Abb. 43···45). Dabei werden die Winkel b und c (Abb. 46) ungleich groß. Der Winkel c wird dann oft so groß, daß eine

---

[1] Ableitung dieser Formel siehe Masch.-Bau-Betrieb Bd. 14 (1935) S. 611.

ungünstige Schnittkante entsteht, d. h. der Schnittwinkel $> 90^0$ wird. In solchen Fällen wird dann meist der bereits erwähnte Fehler begangen, daß auch die obere, das Profil tragende Schneidfläche um den Steigungswinkel zur Waagerechten geneigt wird, Stahlstellung *1* (Abb. 28). Um die dadurch eintretende Profilverzerrung zu beheben, wird vielfach empfohlen, die Stahlform derart zu korrigieren, daß trotz der Schrägstellung der Schneidfläche die richtige Gewindeform erzeugt wird. Das Profil eines derartigen Stahles für Flachgewinde ist in Abb. 47 dargestellt. Die Stahlform muß in solchem Falle zeichnerisch oder rechnerisch ermittelt werden, was recht umständlich, teuer und meist zwecklos ist, denn nur sehr wenige große Betriebe besitzen Einrichtungen, um die so ermittelten Formen[1] der Werkstatt so zur Verfügung zu stellen, daß diese danach arbeiten kann. Dies gilt für alle Gewindeformen. Besser ist es, das Gewinde mit einem schräg gestellten Stahl nur vorzuschneiden und das Fertigschneiden mit getrennten Stählen für die rechte und linke Flanke vorzunehmen. Im folgenden Kapitel über das Schneiden der Gewinde ist das näher behandelt.

13. Hilfsmittel zum Schleifen der Stähle. Aus dem Gesagten geht hervor, daß die Herstellung der Gewindestähle durchaus nicht einfach ist, zumal, wenn man berücksichtigt, daß dem Dreher meist nur der gewöhnliche Schleifstein, auf dem auch alle anderen Stähle geschliffen werden, zur Verfügung steht. Die Genauigkeit der so hergestellten Stähle ist dabei abhängig von der Geschicklichkeit und der Gewissenhaftigkeit des Drehers. Daß bei einem solchen Verfahren Fehler aller Art vorkommen, liegt auf der Hand. Wenn trotzdem die Herstellung der Stähle zum weitaus größten Teil noch

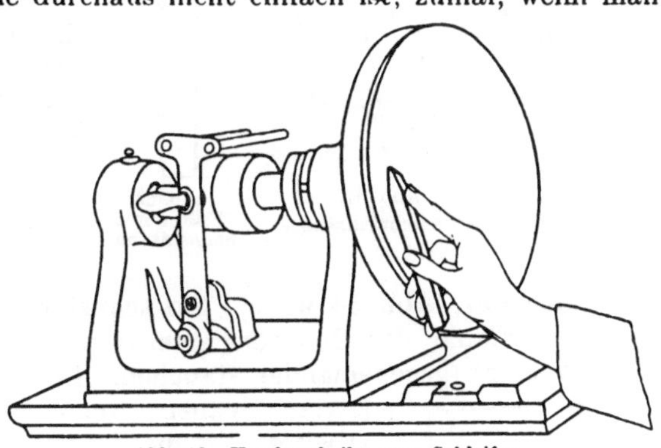

Abb. 48. Kupferscheibe zum Schleifen.

den Drehern überlassen ist, so hat das seinen Grund mit darin, daß die Werkzeugschlosser, die doch für die Herstellung dieser Werkzeuge in erster Linie in Betracht kommen, es meist nicht verstehen, die Stähle so herzustellen, wie sie der Dreher wünscht; auch ist der Dreher beim Nachschleifen der stumpfen Stähle doch wieder auf sich selbst angewiesen, da er doch nicht warten kann, bis etwa der Werkzeugmacher sie geschliffen hat. Um in solchen Fällen, wo die Herstellung und das Nachschleifen der Gewindestähle durch die Dreher nicht zu umgehen ist, die Möglichkeit zu schaffen, diese Arbeit einwandfrei auszuführen, sollten zum mindesten besondere Schleifsteine zu diesem Zwecke vorgesehen werden, zumal das ohne große Kosten ausführbar ist. Ein einfacher Schleifbock mit einer Schmirgelscheibe von 100 bis 150 mm Durchmesser genügt schon dafür. Besser ist allerdings eine Kupferscheibe (Abb. 48), da auf dieser leichter genau ebene Flächen zu erzielen sind, und die Gefahr des Ausglühens der Schneiden nicht so groß ist wie bei der Schmirgelscheibe. Besonders für Stähle zum Schneiden größerer Profile, wie Schnecken usw., ist die Anwendung der Kupferscheibe zu empfehlen.

14. Formstähle. Für das Schneiden von normalen Spitzgewinden werden Formstähle nach Abb. 49···51 in den Handel gebracht, die das genaue Profil des Ge-

---

[1] Berechnung und Aufzeichnung siehe Werkst.-Techn. Jg. 29 (1935), S. 399 und Masch.-Bau-Betrieb Bd. 17 (1938) S. 71.

windes haben, für das sie bestimmt sind. Die Formgebung durch den Dreher fällt vollständig fort; nachgeschliffen werden sie nur an der oberen Fläche, der Spanfläche. Die Stähle werden in einen besonderen Halter (Abb. 52) eingespannt, der das Einstellen des Stahles in der Höhenrichtung gestattet. Für das Ausrichten der Stähle zur Achse des Arbeitsstückes ist nur nötig, die Halter in einen Winkel von 90⁰ zu dieser zu bringen (Abb. 53). Das Einstellen der Stähle ist also sehr einfach. In Abb. 51 ist eine gekröpfte Form dieser Stähle gezeigt; sie dienen zum Schneiden bis dicht an einen Ansatz. Diese Stähle werden in Mengen mit sorgfältig durchdachten Sonderwerkzeugen sehr genau hergestellt. Sie zu gebrauchen ist um so mehr zu empfehlen, als ihr Preis in Anbetracht ihrer langen Lebensdauer nur gering ist.

Für die Herstellung von Gewinden, die, wie das Whitworth-Gewinde, auch am Außendurchmesser im Profil abgerundet sind, ist die Verwendung dieser Formstähle besonders zu empfehlen, da sie mit den genauen Radien der Abrundungen versehen sind (Abb. 50 u. 56).

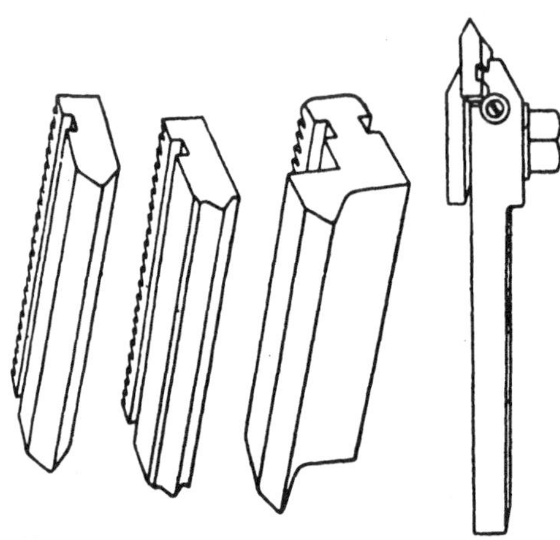

Abb. 49.   Abb. 50.   Abb. 51.

Abb. 49···51. Gewindeschneidzähne.

Abb. 52.
Halter mit
Schneidzahn.

Eine verbesserte Form der Gewindeschneidzähne stellen die sogenannten Gabelstähle dar, Abb. 54 u. 55. Sie schneiden besser, weil die an der rechten und linken Flanke des Gewindes erzeugten Späne ungehindert abfließen können und sich nicht gegeneinander stauchen. Der Span wird geteilt. Nur bei den letzten Spänen, wenn der Stahl mit dem vollen Profil arbeitet, ist die Spanteilung aufgehoben, und dann ist ebenso wie bei den anderen Stählen besonders vorsichtiges Arbeiten nötig. Ein besonderer Vorteil der Gabelstähle besteht noch darin, daß die oberen Schnittflächen seitlich schräg abfallend geschliffen werden können, Abb. 55, so daß nur die Schnittkanten in der waagerechten Ebene liegen. Dadurch wird die Schnittwirkung je nach der Art des zu verarbeitenden

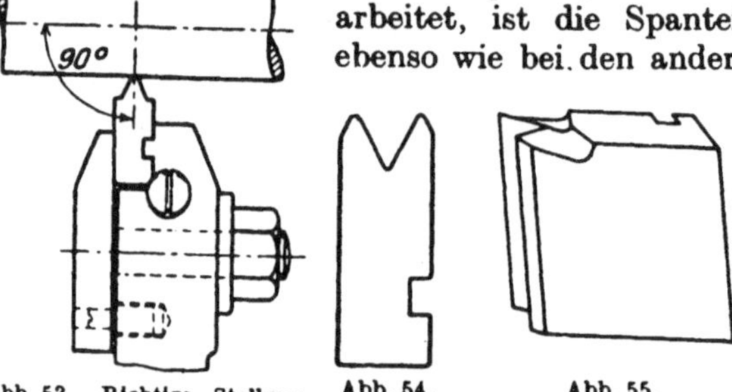

Abb. 53.   Richtige Stellung
des Formstahles.

Abb. 54.

Abb. 55.
Gabelzahn.

Werkstoffs oft bedeutend verbessert, wenn auch das Schleifen mehr Sorgfalt erfordert. Eine noch bessere Lösung, den Span zu teilen, zeigt die Ausführungsform nach Abb. 57; hier wird die rechte und linke Flanke in zwei benachbarten Gewindelücken bearbeitet, ohne daß es vorkommen kann, daß sich ein Span über das ganze Gewindeprofil erstreckt.

Auch für Trapezgewinde werden Stähle nach Abb. 49 angewandt; bei dieser Gewindeform erweist es sich aber als nötig, den Profilteil des Stahles aus den zu Abb. 39 erwähnten Gründen um den Steigungswinkel des Gewindes schräg anzuarbeiten (Abb. 58···60).

Stähle für Flachgewinde müssen nach hinten und nach unten so weit verjüngt sein, daß nur die Schneidkante mit dem Arbeitsstück in Berührung kommt

(Abb. 61···63); die Kanten der Stahlflanken dürfen die Gewindeflanken nicht berühren. Da nur die vordere Kante als Schneide in Betracht kommt, so sind die Winkel e und f (Abb. 63) nicht als Freiwinkel anzusehen; es ist vielmehr nur nötig, sie so groß zu wählen, daß der Stahl die Gewindeflanken nicht berührt. Schneidzähne nach Abb. 49 sowie die weiter unten behandelten Rundstähle sind für Flachgewinde nicht verwendbar.

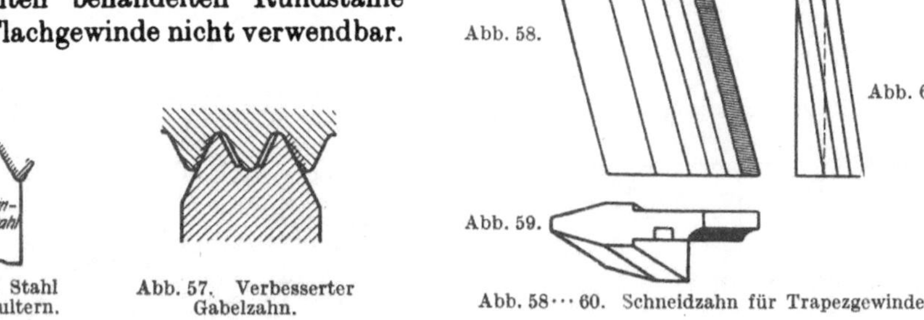

Abb. 58.

Abb. 60.

Abb. 59.

Abb. 56. Stahl mit Schultern.

Abb. 57. Verbesserter Gabelzahn.

Abb. 58···60. Schneidzahn für Trapezgewinde.

15. Strehler. Um die Gewindestähle auf eine größere Leistungsfähigkeit zu bringen und damit die Arbeitszeit für die Herstellung der einzelnen Gewinde abzukürzen, finden mehrzahnige Stähle (Strehler) nach Abb. 64 Anwendung. Die Arbeit ist bei den Strehlern nicht

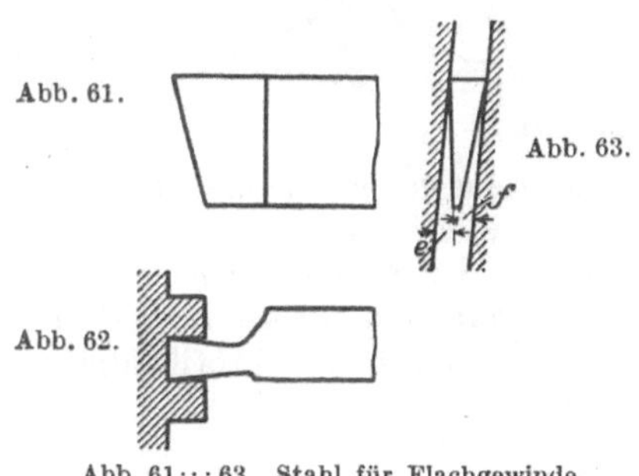

Abb. 61.

Abb. 63.

Abb. 62.

Abb. 61···63. Stahl für Flachgewinde.

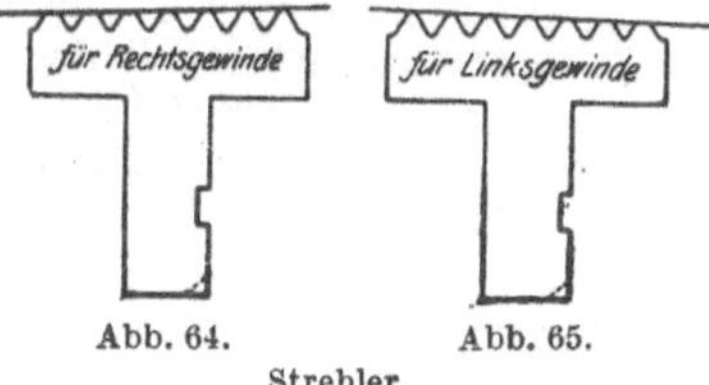

Abb. 64.

Abb. 65.

Strehler.

von einem Zahn zu leisten, sondern verteilt sich auf mehrere Zähne. Um dies zu erreichen, sind die Spitzen der Zähne nach Abb. 64 oder 65 abzuschleifen. Die Strehler werden mit besonderem Vorteil benutzt, wenn es sich um die Herstellung größerer Posten gleicher Arbeitsstücke handelt. Nicht zu verwenden sind Strehler für Gewinde, die bis an einen Bund oder Ansatz geschnitten werden müssen (Abb. 66), da dann die dem Ansatz zunächst befindlichen Gewindegänge nicht voll ausgeschnitten werden, das Gewinde also in diesem Teil im Kern kegelig wird. Für Gewinde, an deren Genauigkeit hohe Anforderungen gestellt werden, sollten Strehler nicht benutzt werden oder höchstens zum Vorschneiden.

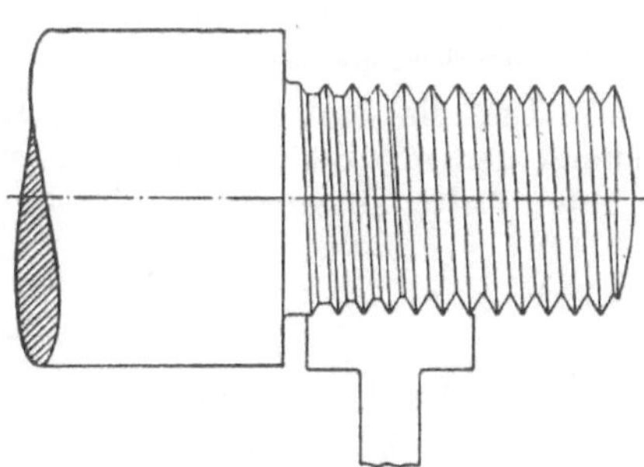

Abb. 66. Schneiden bis an einen Bund.

16. Rundstähle. Eine andere Form der Gewindestähle stellen die Rundstähle dar (Abb. 67···70). Bei ihrer Herstellung ist zu beachten, daß die Schnittfläche A nicht durch die Mitte des Stahles gehen darf. Der Stahl nach Abb. 67 entspräche einem gewöhnlichen Drehstahl, bei dem der Keilwinkel 90° und der Freiwinkel 0° betrüge (Abb. 68). Soll der Rundstahl einen Freiwinkel α gleich dem Winkel g des gewöhnlichen Drehstahles (Abb. 40, 69 u. 70) erhalten, so ist nach Abb. 70 unter diesem Winkel eine Tangente an den den Rundstahl darstellenden Kreis zu legen. Der Berührungspunkt b der Tangente muß auf der durch die Drehachse des Arbeitsstückes gehenden Waagerechten liegen, ebenso die Schneidfläche A des Stahles. Die Mitte des Drehstahles liegt also um das Maß h über der Drehmitte. Die Größe der Überhöhung ist abhängig von dem Durchmesser des Stahles und von der

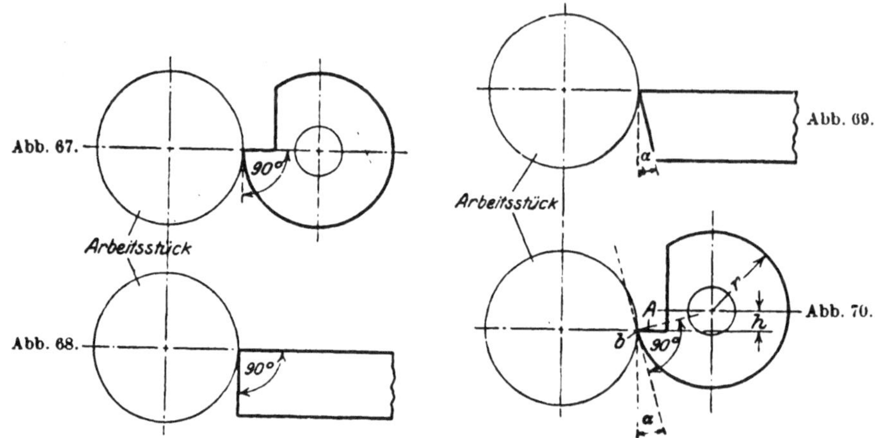

Abb. 67—70. Rundstahl.

Größe des Freiwinkels α. Die Überhöhung h kann entweder zeichnerisch ermittelt werden oder rechnerisch nach der Formel $h = r \sin \alpha$.

Das richtige Gewindeprofil müssen die Stähle in der Schnittfläche A (Abb. 70) haben, d. h. also, daß das Profil im Schnitt bc (Abb. 71) von dem normalen Profil abweichen

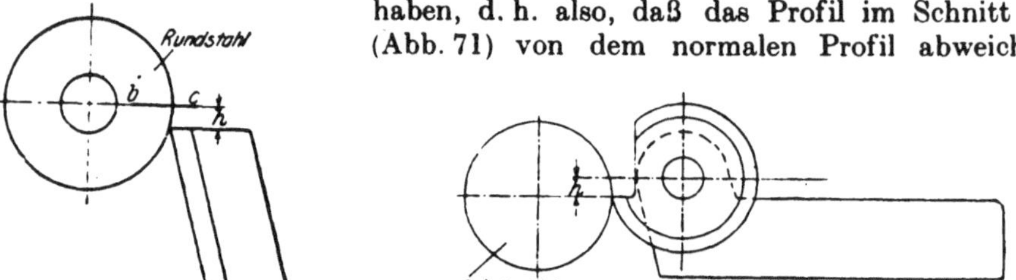

Abb. 71. Herstellung des Rundstahls.   Abb. 72. Richtige Stellung des Rundstahls.

muß. Um die Stähle richtig zu profilieren, wird bei der endgültigen Formgebung der mit dem entsprechenden Profil versehene Drehstahl um das Maß h unter Mitte eingestellt (Abb. 71). Da der Stahl in dieser Stellung schlecht

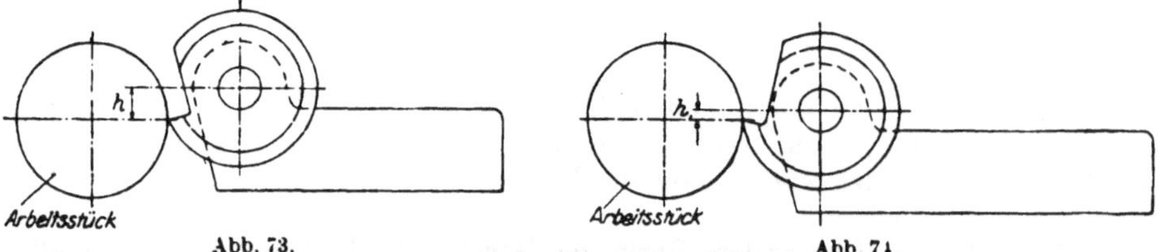

Abb. 73.   Abb. 74.
Abb. 73 u. 74. Falsche Stellung des Rundstahls.

schneidet, so empfiehlt es sich, bei normaler Stahlstellung vorzudrehen und erst für den letzten Schlichtschnitt den Stahl unter Mitte einzustellen.

Die Halter für die Rundstähle müssen so bemessen sein bzw. so eingespannt werden, daß die Mitte des Aufnahmebolzens um das Maß h nach Abb. 72 über der Drehmitte steht; nur wenn dies der Fall ist, kann der Stahl das richtige Profil erzeugen. Ist der Halter zu hoch oder zu niedrig, so erhält der Stahl eine Stellung nach Abb. 73 bzw. 74; in beiden Fällen wird ein falsches Profil erzeugt.

Die Rundstähle werden entweder als Scheiben ausgeführt, in die, wie bei einem gewöhnlichen Formstahl, das Gewindeprofil eingearbeitet ist (Abb. 75 u. 76), oder sie werden mit Gewinde von derselben Steigung wie das zu schneidende Gewinde versehen (Abb. 77). Die erstgenannte Ausführungsart ist anwendbar für Spitzgewinde mit geringem Steigungswinkel; bei ihrer Konstruktion muß der Winkel α (Abb. 70) so groß gewählt werden, daß der Flankenfreiwinkel k (Abb. 39) noch groß genug wird; für normale metrische und Whitworth-Gewinde würde also nach dem in Abschn. 12 Gesagten der Winkel α (Abb. 69) mindestens mit 15° zu wählen sein. Bei Gewinden mit größerem Steigungswinkel und Trapezgewinden wird der Flankenfreiwinkel zu klein; die Stähle drücken dann in der Flanke. In solchen Fällen wählt man die Ausführungsform Abb. 77 mit eingeschnittenem Gewinde.

Das Gewinde des Stahles muß dann die entgegengesetzte Gangrichtung haben wie das Werkstück. Hat also dieses rechtes Gewinde, so muß der Stahl linkes erhalten und umgekehrt. Ferner ist zu beachten, daß der Steigungswinkel von Stahl und Werkstück annähernd gleich sein muß, da der Stahl sonst in der einen Flanke leicht drückt, d. h., da der Steigungswinkel vom Durchmesser abhängig ist, daß die Durchmesser von Stahl und Werk-

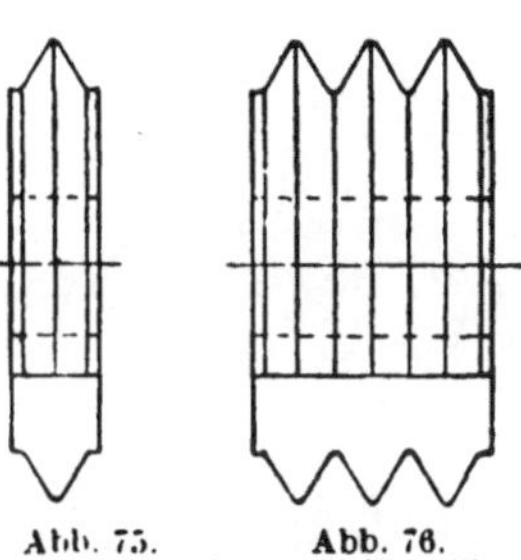
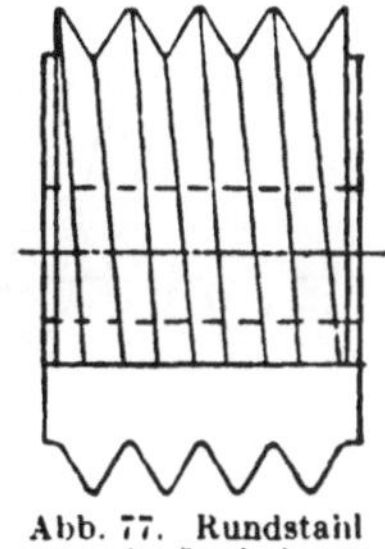

Abb. 75.   Abb. 76.   Abb. 77. Rundstahl
Rundstahl mit parallelen Rillen.   mit Gewinde.

stück annähernd gleich groß sein müssen. Das gilt besonders für Trapezgewinde, da bei diesen der Flankenfreiwinkel ohnehin ziemlich klein ausfällt. Bei Stählen für kleine Gewindedurchmesser stößt diese Forderung insofern auf Schwierigkeiten, als es praktisch oft nicht möglich ist, Stähle von so kleinem Durchmesser einzuspannen. Diesen Schwierigkeiten begegnet man in einfacher Weise dadurch, daß man dem Stahl den doppelten Durchmesser des Werkstückes gibt und zweigängiges Gewinde von doppelt so großer Steigung wie die des Gewindes des Werkstückes einschneidet. Gewindeform, Teilung und Steigungswinkel ist dann genau so wie bei einem eingängigen Stahl von halb so großem Durchmesser. Ergibt auch der doppelte Durchmesser des Werkstückes für den Stahl noch zu kleine Abmessungen, so gibt man diesem den dreifachen Durchmesser des Werkstückes und dreifaches Gewinde mit dreimal so großer Steigung. Hat z. B. das zu schneidende Gewinde einen Durchmesser von 20 mm und 4 mm Steigung, so ergibt sich der Steigungswinkel α aus der Formel

$$\operatorname{cotg} \alpha = \frac{d\,\pi}{s} = \frac{20 \cdot 3{,}14}{4} = 15{,}7 \text{ zu } \sphericalangle \alpha = 3°40' .$$

Wählt man für den Stahl den doppelten Durchmesser, also 40 mm, so erhält er zweifaches Gewinde von 8 mm Steigung, die Rechnung für den Steigungswinkel ergibt den gleichen Wert wie oben, nämlich

$$\operatorname{cotg} \alpha = \frac{40 \cdot 3{,}14}{8} = 15{,}7 \text{ und } \sphericalangle \alpha = 3°40' .$$

Die runden Strehler werden besonders häufig zum Vorschneiden von Trapezgewinden benutzt; es zeigt sich dabei oft, daß die einzelnen Zähne unsauber schneiden und die Gewindeflanken zerreißen. Dies ist darauf zurückzuführen, daß die Zähne sowohl den Gewindegrund als auch beide Flanken gleichzeitig schneiden. Abhilfe ist hier nur dadurch zu schaffen, daß man durch entsprechende Konstruktion des Strehlers den Span zerteilt; das kann z. B. dadurch geschehen, daß man den Außendurchmesser des Strehlers kegelig dreht, und zwar so, daß der Teil des Stahles, der mit dem Werkstück zuerst in Berührung kommt, den größten Durchmesser hat (Abb. 78) (Maß D_1 ist größer als D); das Gewinde des Rundstahles wird gleichfalls kegelig eingeschnitten, und zwar entgegengesetzt zu dem Außenkegel, so daß Maß d_1 kleiner als d ist. Dadurch wird das Gewinde nach der Seite des größten Außendurchmessers magerer; Maß b_1 ist kleiner als b. Die Arbeitsweise des Stahles ist so, daß der erste Zahn nur den Gewindegrund schneidet, in den Flanken aber freigeht; die nachfolgenden Zähne schneiden nur die Flanken, und zwar so, daß sich die zu leistende Arbeit auf die einzelnen Zähne verteilt.

Eine besondere Art der Rundstähle stellen die hinterdrehten dar (Abb. 79). Bei ihnen steht die das Profil aufweisende Schneidfläche genau radial; der Halter

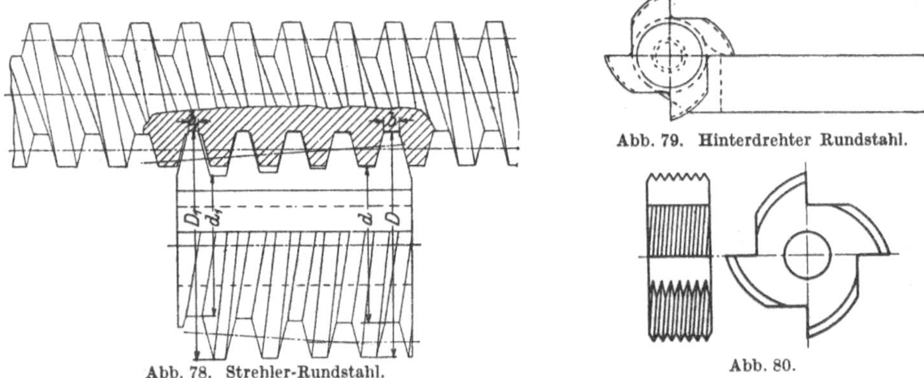

Abb. 78. Strehler-Rundstahl.   Abb. 79. Hinterdrehter Rundstahl.

Abb. 80.

muß demgemäß so eingespannt werden, daß die Mitte des Aufnahmebolzens in gleicher Höhe mit der Drehmitte liegt.

Man kann die Schneidfähigkeit dieser Strehler dadurch wesentlich erhöhen, daß man sie entsprechend dem Steigungswinkel des zu erzeugenden Gewindes schräg hinterdreht, so daß der Formteil des Strehlers um den Steigungswinkel des Gewindes zur Normalen geneigt ist (Abb. 80). Diese Ausführungsform entspricht grundsätzlich der in Abb. 58···60 dargestellten.

17. Federnde Stähle. Beim Gewindeschneiden in zähen und filzigen Werkstoff hält es oft schwer, saubere Gewindeflanken zu erzielen. Dreher, die nicht große Übung im Gewindeschneiden haben, sowie angelernte Arbeiter haben auch bei Werkstoffen, die sich gut bearbeiten lassen, mit diesen Schwierigkeiten zu kämpfen. In solchen Fällen leistet der federnde Stahlhalter nach Abb. 81 vorzügliche Dienste. Die Konstruktion des Stahlhalters ist aus der Abbildung mit genügender Deutlichkeit zu erkennen. Seine günstige Arbeitsweise beruht darin, daß, wenn sich bei filzigem Werkstoff oder bei ungeschickter Spananstellung die Späne zusammenschieben, der Stahl infolge des erhöhten Spandruckes zurückfedert, also nicht einhaken und die Gewindeflanken zerreißen kann. Man kann mit Hilfe dieses Stahlhalters in Werkstoff, der sich sonst beim Gewindeschneiden sehr ungünstig verhält, ohne Aufwand besonderer Mühe saubere Gewinde schneiden. Desgleichen ist es angelernten Arbeitern, selbst Frauen, bei Verwendung dieses Stahlhalters möglich, bei gewöhnlichem Werkstoff ohne Schwierigkeiten gute Gewinde zu erzeugen.

Die beschriebene einfache Form des Stahlhalters hat den einen Nachteil, daß
der Stahl nicht nur in Richtung quer zur Drehachse, also in Richtung des Schaftes,
ausweichen kann, sondern auch seitlich (Abb. 82). Das macht sich beim Arbeiten
dadurch bemerkbar, daß der erste Gewindegang des zu schneidenden Gewindes
gewöhnlich stärker ausfällt, da bei diesem auf eine halbe Umdrehung des Werkstückes nur eine Flanke geschnitten wird, der einseitige Spandruck also den Stahl
seitlich abdrücken kann (Abb. 82).

In den Abb. 83···85 ist ein verbesserter federnder Stahlhalter dargestellt. Die
Klappe *b*, die den Schneidstahl aufnimmt, ist um einen Bolzen drehbar; seitlich

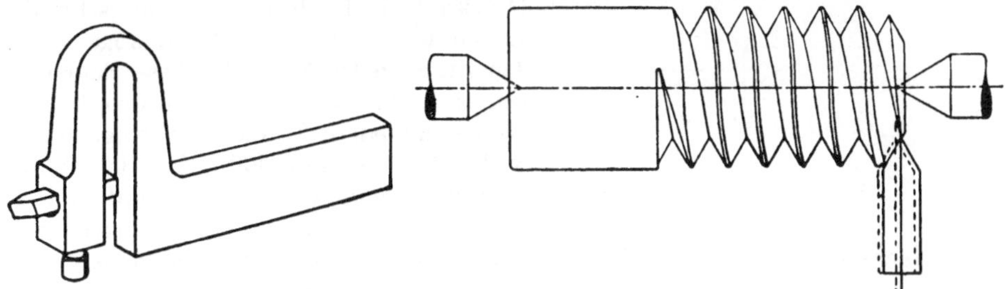

Abb. 81. Federnder Stahlhalter.   Abb. 82. Gewinde mit zu starkem ersten Gang.

aber in einem Schlitz des Halters geführt. Die Klappe findet ein Auflager in dem
Druckstift *d*, der durch eine Schraubenfeder nach vorn gedrückt wird, während
der Stift *c* verhindert, daß die Klappe weiter als bis zur waagerechten Stellung
der Schneidfläche des Stahles dem Druck folgt. Der Halter arbeitet ebenso günstig
wie der in Abb. 81 gezeigte, ohne dessen schädliche Nebenwirkung zu haben.

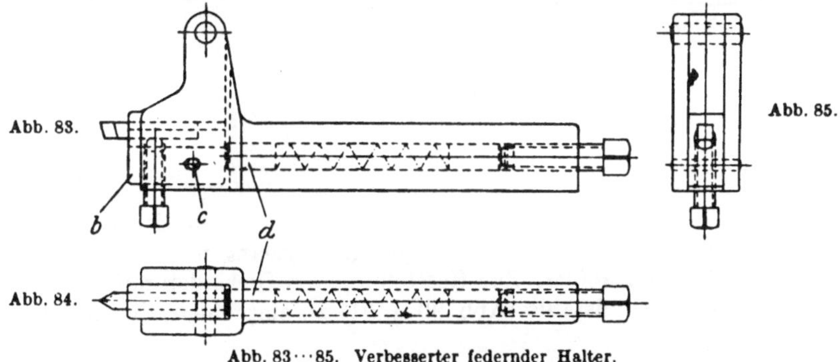

Abb. 83···85. Verbesserter federnder Halter.

Für Arbeiten, bei denen es sich um die Erzielung ganz genauer und gleichmäßiger
Steigungen handelt, wie z. B. bei Leitspindeln, Teilspindeln, Schnecken und Gewindelehren, oder um ganz genau laufende Gewinde, z. B. solche auf den Köpfen
von Arbeitsspindeln an Werkzeugmaschinen oder Futter für diese, sollten aber
solche und ähnliche Werkzeuge keine Anwendung finden. Desgleichen sind sie
nicht anwendbar für Flachgewinde.

B. Schneidstähle für Innengewinde.

18. **Gewöhnliche Stähle.** Für das Schneiden von Innengewinden auf der Drehbank ist das am meisten gebrauchte Werkzeug der in Abb. 86 dargestellte Stahl.
Für die Herstellung gilt sinngemäß dasselbe, was über die entsprechenden Stähle
für Außengewinde gesagt ist. Da die Stähle nach Abb. 86 geschmiedet werden

müssen und sich schlecht schleifen lassen, so verwendet man sie nur für kleine Löcher.

19. Bohrstangen. Sobald es der Durchmesser des zu schneidenden Gewindes zuläßt, sollte man Bohrstangen mit eingesetzten Stählen verwenden (Abb. 87 u. 88). Diese Bohrstange dient zum Schnei-den durchgehender Löcher; für Sacklöcher hat sich die Ausführung Abb. 89 bewährt; die Stange ist in der Längsrichtung durchbohrt und trägt in der Bohrung einen Druckbutzen, der durch eine Spannschraube am hinteren Ende der Bohrstange gegen den Stahl gedrückt wird. Diese Bohrstangen sind im Gebrauch wesentlich billiger als geschmiedete Stähle; die eingesetzten Stähle können außerhalb der Bohrstange hergestellt und auch nachgeschliffen werden. Außerdem besteht der Vorteil, daß beim Nachschleifen der stumpf gewordenen Stähle diese beim Wiedereinspannen

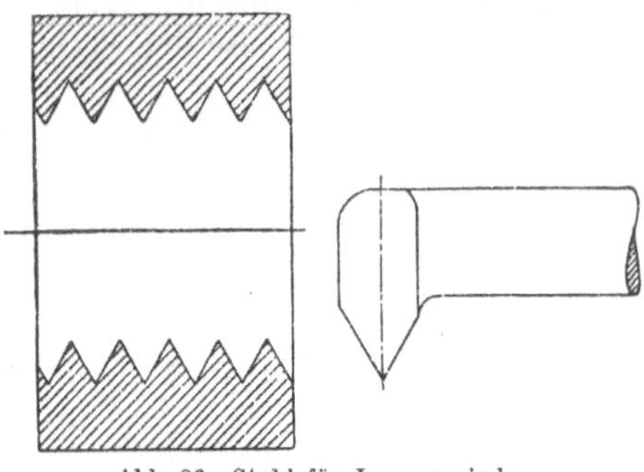

Abb. 86. Stahl für Innengewinde.

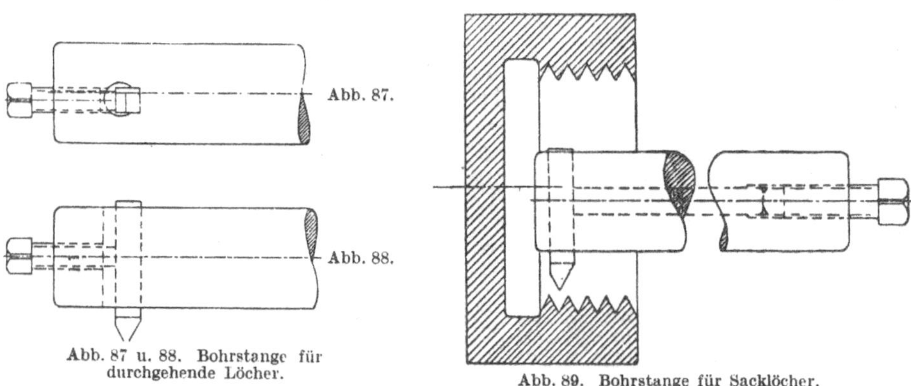

Abb. 87 u. 88. Bohrstange für durchgehende Löcher.

Abb. 89. Bohrstange für Sacklöcher.

ohne weiteres in ihre vorherige Lage und somit auch wieder in die richtige Stellung zu dem etwa schon eingeschnittenen Gewindegang gelangen.

20. Rundstähle und Strehler. Zur Herstellung von Gewinden mit Abrundungen an den Spitzen sind Rundstähle (Abb. 90 u. 91) zu empfehlen, die sich mit Hilfe

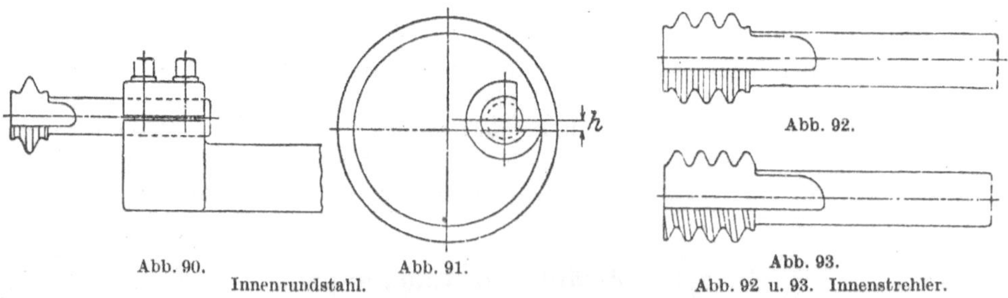

Abb. 90.   Abb. 91.   Abb. 92.
Innenrundstahl.

Abb. 93.
Abb. 92 u. 93. Innenstrehler.

der Schneidzähne nach Abb. 50 leicht genau herstellen lassen. Aber auch für alle anderen Gewinde sind die Rundstähle mit Vorteil zu verwenden; besonders da, wo es sich um Reihen- oder Massenherstellung von Teilen auf der Drehbank oder Revolverbank handelt. In solchen Fällen werden sie mehrzahnig ausgeführt, und zwar so, daß entweder Rillen eingedreht werden (Abb. 92) oder Gewinde eingeschnitten wird (Abb. 93). Für die Herstellung dieser Stähle gilt, was Profil und Freiwinkel betrifft, das über die Rundstähle für Außengewinde Gesagte; besonders ist sowohl bei Herstellung als auch beim Einspannen der Stähle auf das Maß h (Abb. 91) zu achten. Doch ist es hier natürlich nicht möglich, den Durchmesser des Strehlers auch nur annähernd so groß zu wählen wie den Durchmesser des zu schneidenden Gewindes; der Strehler muß vielmehr wesentlich kleiner sein. Strehler mit Gewinde (Abb. 93) müssen dieselbe Gangrichtung erhalten wie das zu schneidende Gewinde; also rechts bei rechtem Gewinde des Arbeitsstückes.

Die Stähle werden meist mit dem Schaft aus einem Stück hergestellt und in entsprechende Halter eingespannt (Abb. 90).

III. Das Schneiden der Gewinde.

21. Ausrichten des Stahles. Bevor mit dem eigentlichen Schneiden begonnen wird, ist es nötig, den Gewindestahl richtig einzustellen. Nach dem in den vorhergehenden Abschnitten Gesagten muß der Stahl also auf Mitte Drehbankspitze stehen (Abb. 94): die Spanfläche muß in der Waagerechten liegen und der Stahl so ausgerichtet sein, daß seine Symmetrieachse senkrecht zur Schraubenachse steht. Das wird mit Hilfe der bekannten Spitzenlehre nach Abb. 95 erreicht.

Eine andere Lehre für diesen Zweck, die bedeutend sicherer und genauer Abweichungen von der richtigen Stellung des Stahles anzeigt, ist in Abb. 96 u. 97 dargestellt. Die Lehre wird entweder mit einem Prisma auf den Zylinderteil des Werkstückes aufgelegt (Abb. 96) oder zwischen den Spitzen der Drehbank aufgenommen (Abb. 97).

Abb. 94 u. 95. Ausrichten des Stahles.

Die Stellung des Stahles wird durch eine Lupe festgestellt, Abb. 98 zeigt verkleinert das Sehfeld der Lupe.

Bei Trapezgewinden wird für den gleichen Zweck eine Lehre nach Abb. 99 angewandt. Beim Ausrichten der Stähle nach diesen Lehren ist darauf zu achten,

Abb. 96.

Abb. 97.

Abb. 98.

Abb. 96···98. Lehren zum Ausrichten des Gewindestahles.

daß die Lehren an dem Werkstück richtig anliegen und in waagerechter Lage gehalten werden. Geschieht dies nicht, so wird das Einstellen unsicher.

22. Spanzustellung. Der Gewindestahl ist seiner Form nach für die Erlangung eines sauberen Schnittes nicht günstig, da die von beiden Flanken abfließenden Späne sich gegeneinanderstauchen und zu Klumpen zusammenballen, so daß der Stahl

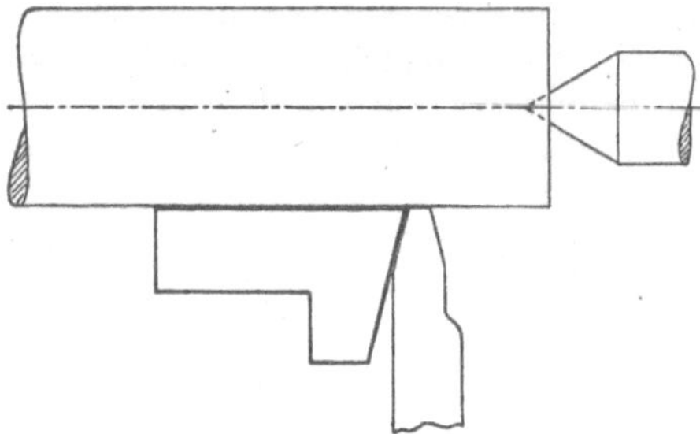

Abb. 99. Ausrichten des Trapezgewindestahles.

leicht einhakt und die Schnittoberfläche zerreißt. Schon bei gewöhnlichen Arbeiten bereitet es bekanntlich Schwierigkeiten, mit solchen oder ähnlich geformten Werkzeugen ohne weiteres saubere Schnitte zu erzielen. Wie man sonst bei spanabnehmenden Werkzeugen die Schnittwirkung durch Spanzerteilung verbessert, so kann es auch hier dadurch geschehen, daß man bei jedem Arbeitsgange immer nur eine Flanke des Stahles schneiden läßt. Das geschieht, indem man außer der Spanzustellung quer zur Achse des Werkstückes auch eine geringe seitliche Verstellung des Stahles bei jedem Span vornimmt (Abb. 100) und erst bei den letzten feinen Schlichtspänen den Stahl mit dem vollen Profil arbeiten läßt. Bei groben Gewinden, besonders wenn es sich um die Herstellung einer größeren Anzahl gleicher

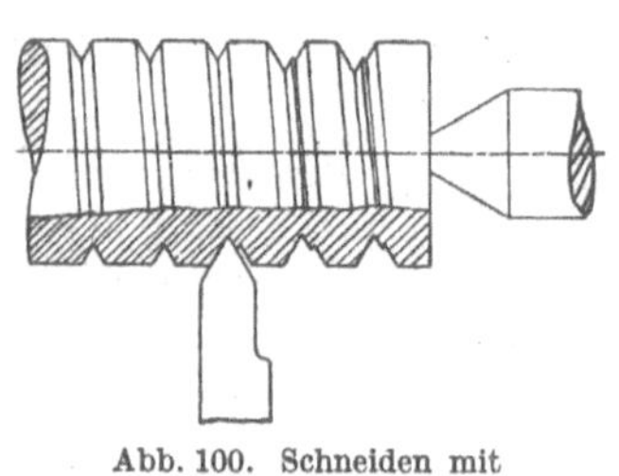

Abb. 100. Schneiden mit
seitlicher Verstellung.

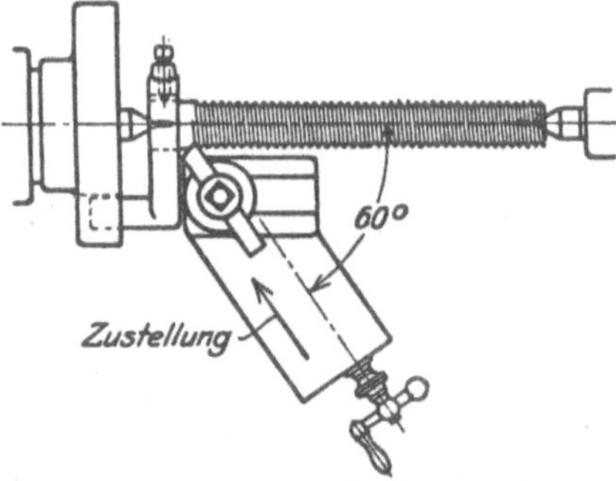

Abb. 101. Schneiden mit Zustellung in
Flankenrichtung.

Stücke handelt, ist es ratsam, erst mit einem besonderen Stahl mit kräftigen Spänen vorzuschruppen und dann mit einem anderen Stahl nachzuschlichten. Das Ausschruppen geschieht dann am besten derart, daß der obere Werkzeugschlitten

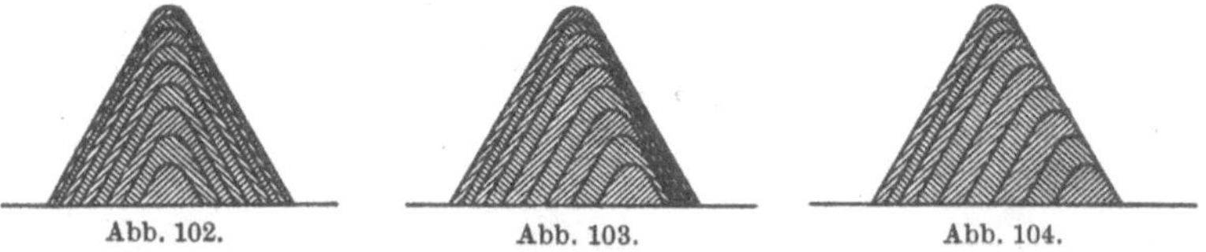

Abb. 102.   Abb. 103.   Abb. 104.
Verschiedene Arten des Ausschneidens.

der Drehbank schräg gestellt wird, und zwar so, daß er mit der Senkrechten auf der Achse des Arbeitsstückes einen Winkel gleich dem halben Flankenwinkel des zu schneidenden Gewindes bildet (Abb. 101). Der eigentliche Span wird dann nur durch den oberen Werkzeugschlitten angestellt, während der untere Werkzeugschlitten bei allen Spänen die gleiche Stellung einnimmt. Der Stahl schneidet immer nur mit einer Flanke. In den Abb. 102···104 ist die verschiedenartige Zerspanung des Werkstoffes der Gewindelücke dargestellt. Abb. 102 gibt die Arbeitsweise bei Zustellung des Stahles nur quer zur Achse (Abb. 105) wieder; Abb. 103 entspricht einer Stahlverstellung quer zur Achse mit seitlichem Nachstellen bei jedem Span (Abb. 100); Abb. 104 zeigt die Zerspanung bei Anwendung des schräggestellten Werkzeugschlittens (Abb. 106 u. 107).

Das in Abb. 101 dargestellte Verfahren hat noch den Vorteil, daß man hierbei von der Forderung, daß die obere Schneidflächecdes Stahles waagerecht liegen muß, absehen kann; es ist sogar zu empfehlen, die Schneidbrust etwas hohl zu schleifen (Abb. 106), dadurch wird die Schneidwirkung des Stahles besonders beim Schneiden von weichem Stahl wesentlich verbessert. Ferner ist zu empfehlen, den Stahl so zu schleifen, daß sein Profilwinkel etwas kleiner als der des Gewindes ist, ihn aber doch so einzustellen, daß die schneidende Flanke *a* (Abb. 106) im richtigen Winkel zur Schraubenachse steht; dadurch wird erreicht, daß die Flanke *b* überhaupt nicht mit dem Arbeitsstück in Berührung kommt, also auch nicht das Schneiden beeinflussen kann. Wenn es die Umstände wünschenswert erscheinen lassen, kann bei diesem Arbeitsverfahren von der üblichen Form der Gewindestähle überhaupt abgewichen und eine Form etwa nach Abb. 107 gewählt werden. Verwendet man beim Ausschruppen fertig profilierte Formstähle, so können diese, abweichend von der sonst verlangten korrekten Stellung, etwas schief gestellt werden, so daß auch hier die nicht schneidende Flanke frei geht.

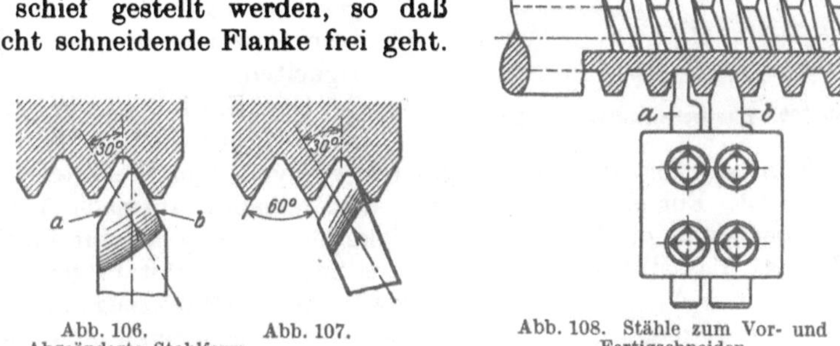

Abb. 105. Abb. 106. Abb. 107. Abb. 108. Stähle zum Vor- und
Abgeänderte Stahlform. Fertigschneiden.

Beim Nachschneiden kann die kleine Inkorrektheit durch richtige Einstellung des Schlichtstahles ausgeglichen werden.

Trapezgewinde mit größerem Profil werden, wenn zum Vorschneiden nicht Strehler benutzt werden, zweckmäßig mit zwei Stählen geschnitten, die in entsprechendem Abstande nebeneinander im Werkzeugschlitten eingespannt werden (Abb. 108). Der Stahl *a* hat die Form eines Einstechstahles und eine Breite, die der Gewindelückenbreite am Kerndurchmesser entspricht. Mit ihm wird der Gewindegang vorgeschnitten, so daß der Stahl *b* nur die Flanken zu schneiden hat. Dieses Verfahren kann auch beim Fertigschneiden angewandt werden.

Das einseitige Schneiden des Stahles beim Ausschruppen von Spitzgewinden und die geschilderte Verwendung zweier Stähle beim Schneiden von Trapezgewinden ermöglicht es auch, die Schnittgeschwindigkeit und die Spanstärke wesentlich höher zu wählen, als wenn der Stahl mit dem vollen Profil arbeiten würde

Beim Fertigschneiden des Gewindes, wobei der Stahl mit beiden Flanken arbeitet, besteht, wie schon bemerkt, die Gefahr des Einhakens und Zerreißens der Gewindeflanken. Häufig werden aber auch durch „Schnattern" des Stahles die Flanken nicht glatt, sondern erhalten ein Aussehen, das einer schwachen Kordierung ähnlich ist. Um diesen Erscheinungen vorzubeugen, wenden viele Dreher ein sehr einfaches Mittel an: sie legen zwischen Mitnehmerscheibe und Drehherz einen Lederstreifen (Abb. 109) und polstern dadurch gewissermaßen den Mitnehmer. Bessere Ergebnisse werden erzielt bei Verwendung federnder Stahlhalter nach Abb. 81 u. 83. Kann man auch bei diesen das „Schnattern" nicht beseitigen, so muß die Schnittgeschwindigkeit verringert werden.

23. Arbeitsgeschwindigkeit. Im übrigen ist die Schnittgeschwindigkeit und Arbeitsgeschwindigkeit beim Gewindeschneiden von einer ganzen Anzahl verschiedener Umstände abhängig, wie: Art des Werkstoffs, Art des angewandten Werkzeuges, Form und Abmessungen des Werkstückes, auftretende Erwärmung des Werkstückes beim Schneiden, Konstruktion und Zustand der Maschine, Art des Schmiermittels, Geschicklichkeit des Arbeiters und Ansprüche an die Genauigkeit des Gewindes.

Was zunächst den Werkstoff des Werkstückes betrifft, so ist es klar, daß man z. B. bei Werkzeugstahl eine geringere Schnittgeschwindigkeit wählen muß als für gewöhnlichen Maschinenstahl; es gibt aber auch Stahlsorten, die weniger hart als Werkzeugstahl, dafür aber zäh und filzig sind; diese verlangen meist eine besonders geringe Schnittgeschwindigkeit und bereiten überhaupt beim Gewindeschneiden die größten Schwierigkeiten.

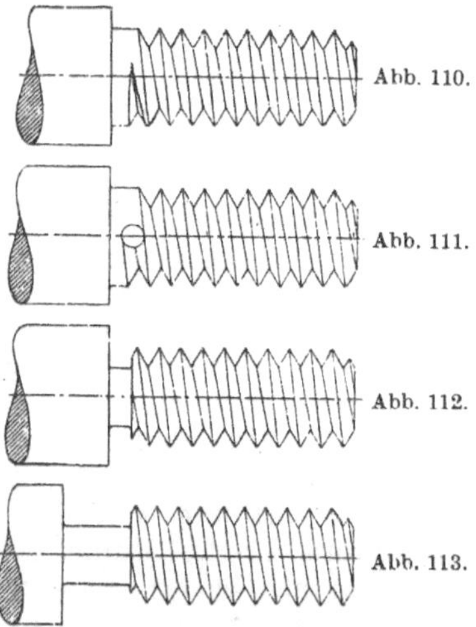

Abb. 109. Elastische Auflage des Drehherzes.

Der Einfluß des Werkzeuges auf die Schnittgeschwindigkeit rührt sowohl von der Konstruktion des Werkzeuges her wie von dem Werkstoff, aus dem es hergestellt ist. Für einen gewöhnlichen einzahnigen Stahl nach Abb. 49 und 95 sind im allgemeinen größere Geschwindigkeiten zulässig als für einen mehrzahnigen (Abb. 64): dasselbe gilt für Stähle aus Schnellschnittstahl gegenüber solchen aus gewöhnlichem Werkzeugstahl. Federnde Stähle lassen im allgemeinen eine höhere Schnittgeschwindigkeit zu als starre.

Abb. 110.

Abb. 111.

Abb. 112.

Abb. 113.

Abb. 110···113. Verschiedene Arten des Gewindeauslaufes.

In den meisten Fällen sind die Form und die Abmessungen des Werkstückes ausschlaggebend für die Wahl der Schnittgeschwindigkeit. Teile, die im Verhältnis zu ihrem Durchmesser eine große Länge haben, z. B. Spindeln, die zum Bewegen von Maschinenteilen dienen, biegen sich infolge des Stahldruckes um so mehr durch, je größer die Spanstärke und die Schnittgeschwindigkeit ist. Um diesem Durchbiegen entgegenzuwirken, ist in solchen Fällen immer zu empfehlen, die Werkstücke in bekannter Weise durch Lünetten zu stützen. Bei langen Flach- und Trapezgewinden benutzt man zweckmäßig die mitgehende Lünette, die unmittelbar vor oder hinter der Arbeitsstelle des Stahles angesetzt wird. Beim Schneiden von Spitzgewinden ist die Anwendung der mitgehenden Lünette nicht zulässig, da durch das Andrücken des Werkstückes durch den Schnittdruck an die Gleitflächen die Gewindespitzen breitgedrückt würden.

Aus den vorstehenden Ausführungen folgt, daß allgemein gültige Unterlagen für die Berechnung der Arbeitszeit für das Gewindeschneiden nicht angegeben werden können. Man muß sie von Fall zu Fall unter Berücksichtigung der jeweils gegebenen Verhältnisse bestimmen.

24. Auslauf des Gewindes. Von großer Bedeutung für die Arbeitsgeschwindigkeit ist der Auslauf des Gewindes. Es kommen hierbei drei Ausführungen in Betracht (Abb. 110···113). Die in Abb. 110 dargestellte ist oft anzutreffen; bei groben Gewinden wird auch die in Abb. 111 gezeigte Ausführung häufig gewählt, bei der ein Loch in das Arbeitsstück gebohrt wird, in das der Gewindegang und damit der Stahl beim Schneiden ausläuft. Beide Ausführungen bedingen große Aufmerksamkeit des Drehers, denn er darf den Stahl nicht zu früh zurückziehen, da sonst der letzte Gewindegang nur unvollkommen ausgeschnitten wird, noch zu spät, da in diesem Falle der Stahl in den vollen Werkstoff hineinläuft, beschädigt wird und unter Umständen auch das Werkstück ruiniert. Viele Dreher helfen sich über diese Schwierigkeiten dadurch hinweg, daß sie die Drehbank ausschalten, wenn der Stahl den letzten Gewindegang erreicht hat und das letzte Stück von Hand den Riemen ziehen, oder sie lassen die Drehbank von vornherein mit so geringer Umdrehungszahl laufen, daß das Zurückziehen des Stahles während des Ganges der Maschine möglich ist. Es liegt auf der Hand, daß die Arbeitsgeschwindigkeit durch die geschilderte Ausführungsform der Werkstücke stark gemindert wird. Die Arbeitsweise gestaltet sich wesentlich günstiger, wenn die Konstruktion nach Abb. 112 ausgeführt ist, bei der das Gewinde in eine Rille ausläuft, deren Flankenneigung nach DIN etwa der des Gewindes entsprechen soll. Die Normen geben für Gewindedurchmesser bis 11 mm eine halbrunde Rille nach Abb. 114 an; für größere Durchmesser gilt die Form nach Abb. 115. Der Dreher braucht hierbei

weniger scharf Obacht auf den Gewindeauslauf zu geben; die Beeinflussung der Umdrehungszahl durch den Auslauf des Gewindes fällt entweder ganz fort oder besteht nur in vermindertem Umfange, nämlich dann, wenn das Gewinde bis dicht an einen Bund heranläuft und die Rille verhältnismäßig schmal ist. Wenn es die Art der Konstruktion irgend zuläßt, sollten statt der Ausführungsformen

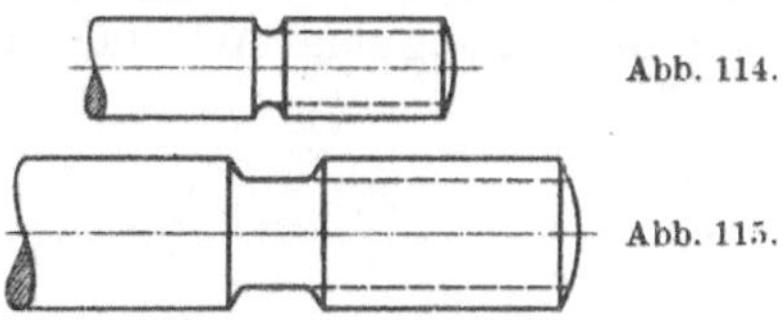
Abb. 114.

Abb. 115.

Abb. 114 u. 115. **Einstiche nach DIN.**

nach Abb. 110 u. 111 möglichst die in Abb. 112 oder noch besser die in Abb. 113 dargestellte benutzt werden, die einen besonders breiten Einstich zeigt. Dieser beansprucht einen weniger großen Aufwand an Aufmerksamkeit seitens des Drehers und gibt ferner bei Verwendung von Strehlern, die die Herstellungszeit ebenfalls bedeutend verkürzen, diesen freien Auslauf.

Erwähnt sei noch, daß die Einstiche, wenn sie nur wenig tiefer gehen als der Kerndurchmesser und nicht scharfkantig, sondern mit Hohlkehlen ansetzen, die Festigkeit des Gewindebolzens nicht vermindern. Erfahrung und Versuche haben ergeben, daß Bolzen mit Eindrehung, wenn sie bis zum Bruch beansprucht werden, nicht an der Eindrehung, sondern im Gewinde reißen.

25. Auslösen der Schloßmutter. Die Arbeitsgeschwindigkeit wird ferner dadurch beeinflußt, ob der Werkzeugschlitten nach Beendigung eines Arbeitsweges durch Linkslauf der Drehbank oder durch Auslösen der Schloßmutter und Zurückkurbeln des Bettschlittens von Hand in seine Anfangsstellung gebracht wird. Bei Gewinden von kleinem Durchmesser und geringer Länge, wo also der Rücklauf nur kurze Zeit in Anspruch nimmt, wird der Linkslauf fast immer das vorteilhaftere sein; bei großen Durchmessern oder großen Gewindelängen erfordert der Rücklauf mehr Zeit; es ist daher hierbei das Rückkurbeln von Hand vorzuziehen. Dabei ist zu berücksichtigen, daß ein Öffnen der Schloßmutter und Wiederschließen während des Schneidens an beliebiger Stelle nur dann zulässig ist, wenn die Steigung der Leitspindel gleich der zu schneidenden ist oder gleich einem Vielfachen davon.

Hat z. B. die Leitspindel 6 mm Steigung, so kann die Schloßmutter beim Schneiden von 6, 3, 2, 1,5, 1 und 0,75 mm Steigung ausgelöst werden. Hat die Leitspindel $^1/_4''$ Steigung, so kommen die Gewinde von 4, 8, 12, 16, 20, 24, 28, 32 Gang auf 1'' in Betracht. Bei allen Gewindesteigungen, deren Zahlenwert nicht in dem der Leitspindel restlos aufgeht, ist es nötig, vor jedem Schließen der Schloßmutter die Arbeitsspindel im Spindelkasten, die Leitspindel und den Werkzeugschlitten jedesmal in dieselbe Stellung zueinander zu bringen. Das geschieht am besten so, daß man die Stellung des Werkzeugschlittens in der Anfangsstellung durch einen Anschlag ein für allemal festlegt. Die Stellung der

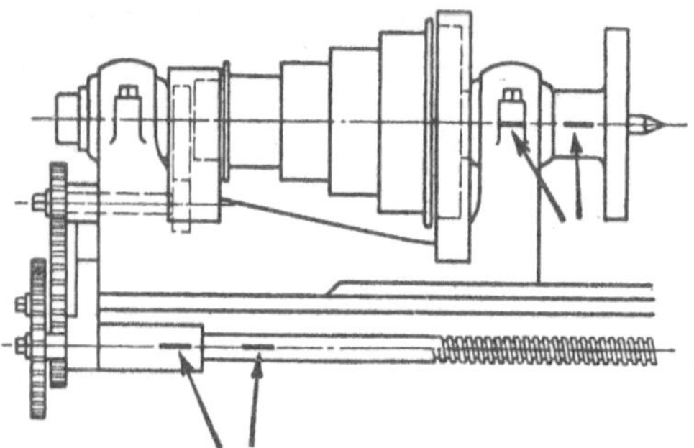

Abb. 116. Hilfsmittel zum Auslösen der Schloßmutter.

Arbeitsspindel wird durch Kreidestriche, die am Vorderlager und an der Mitnehmerscheibe, oder, wenn es sich um Futterarbeit handelt, am Einspannfutter angebracht werden, gekennzeichnet. In gleicher Weise wird die Stellung der Leitspindel durch Kreidestriche an dieser und an ihrem Lager kenntlich gemacht (Abb. 116). Nach Beendigung eines Arbeitsganges wird der Werkzeugschlitten in seine Anfangsstellung gebracht und die Arbeitsspindel so oft gedreht, bis auch die Arbeitsspindel und die Leitspindel die durch Kreidestriche gekennzeichnete Ausgangsstellung einnehmen, worauf die Schloßmutter geschlossen wird.

Dieses einfache Verfahren ist in solchen Fällen zulässig, wo das Verhältnis Leitspindelsteigung: zu schneidende Steigung oder umgekehrt einen Rest von $^1/_2$, $^1/_4$ oder $^1/_8$ ergibt; die Schloßmutter ist dann nämlich bei jeder 2., 4. oder 8. Umdrehung der Arbeitsspindel zu schließen. Ergibt der Divisionsrest weniger einfache Werte, wie es z. B. dann vorkommt, wenn Gewinde mit Millimetersteigung auf einer Drehbank mit Zollspindel geschnitten werden soll oder umgekehrt, so ist das beschriebene Verfahren wenig zuverlässig, da es dann vorkommen kann, daß sich das Schloß auch

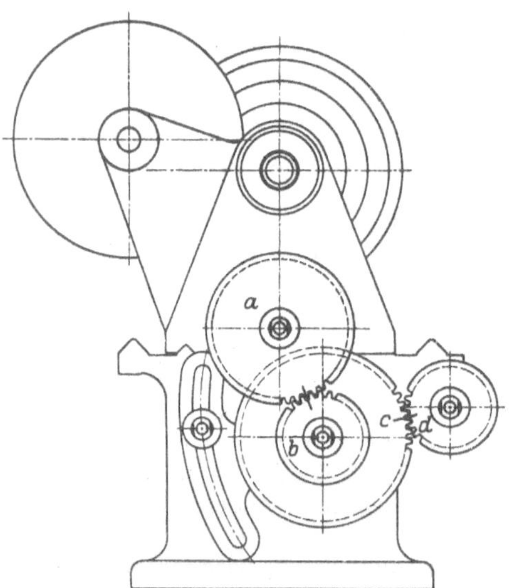

Abb. 117. Genaues Verfahren beim Auslösen der Schloßmutter.

schließen läßt, wenn die gewollte Stellung der Arbeitsspindel zum Werkzeugschlitten nicht genau eingehalten ist; das Trapezgewinde der Leitspindel gestattet nämlich ein teilweises Schließen der Schloßmutter auch dann, wenn der Gewindegang derselben nicht genau über der der Leitspindel steht. Kleine Abweichungen werden dadurch oft unmerklich, daß sich beim Schließen der Schloßmutter der Bettschlitten etwas verschiebt.

Ein genaueres Verfahren besteht darin, daß die Arbeitsspindelstellung ebenfalls durch Kreidestriche an den Wechselrädern gekennzeichnet wird (Abb. 117). Die Stellung der Räder a und b bzw. c und d wird in der Anfangsstellung durch Kreidestriche an den im Eingriff befindlichen Zähnen gekennzeichnet. Der Werkzeugschlitten muß dabei wieder jedesmal die gleiche Stellung einnehmen.

Beim Schneiden ganz genauer Gewinde, z. B. solcher auf Meßspindeln, Leitspindeln u. dgl., besonders wenn es sich um feine Steigungen handelt, ist das Auslösen der Schloßmutter nur dann zu empfehlen, wenn ihre Konstruktion, Ausführung und Zustand eine Gewähr dafür bietet, daß die Schloßmutterhälften beim Schließen einmal wie das andere genau die gleiche Stellung zueinander einnehmen. Das geschieht z. B. nicht, wenn die Schlittenführung der Schloßmutterhälften ein Ecken gestattet, oder wenn der Schließmechanismus es zuläßt, die Mutter mehr oder weniger dicht zu schließen. In solchem Falle gelingt es nicht immer, den Stahl bei jedem Arbeitsgange wieder in die gleiche Stellung zu bringen; es kann vielmehr geschehen, daß ein geringes Versetzen eintritt. Beträgt dieses Versetzen auch nur wenige Hundertstel Millimeter, so ist damit schon der Erfolg der Arbeit in Frage gestellt. Es ist dann zu empfehlen, den Stahl durch Rücklauf des Werkzeugschlittens in die Anfangsstellung zu bringen.

26. Gewindeuhr. Eine sehr vorteilhafte Einrichtung zur Erleichterung und Beschleunigung des Gewindeschneidens stellt die sog. Gewindeuhr dar (Abb. 118 u. 119). Eine senkrecht an der rechten Vorderseite des Bettschlittens gelagerte Welle trägt am oberen Ende ein Zifferblatt, am unteren ein Schneckenrad, das mit der Leitspindel in Eingriff steht und von dieser angetrieben wird. Die Zähnezahl des Schneckenrades ist ein Viel-

Abb. 118.

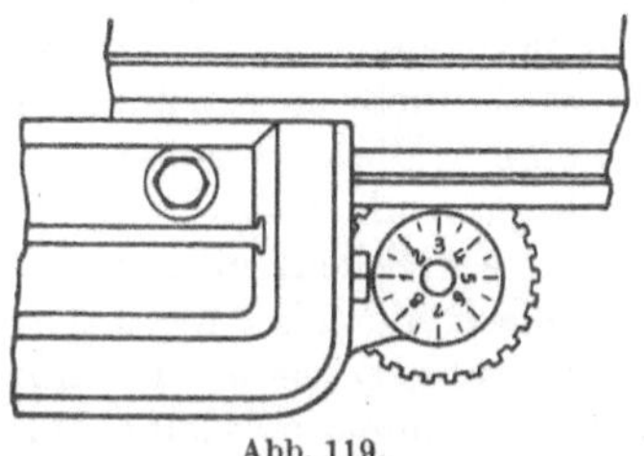

Abb. 119.

Gewindeuhr.

faches der Gangzahl der Leitspindel. Hat diese z. B. 4 Gang auf 1″, so erhält das Schneckenrad zweckmäßig 16, 24 oder 32 Zähne. Das Zifferblatt erhält dann so viel Teilstriche, wie das Verhältnis Zähnezahl : Gangzahl ergibt. Bei 4 Gängen der Leitspindel und 16 Zähnen des Schneckenrades also vier Striche, bei 24 Zähnen sechs und bei 32 Zähnen acht Teilstriche.

Die Arbeitsweise ist folgende: Beim ersten Schnitt wird die Ausgangsstellung des Werkzeugschlittens so kenntlich gemacht, daß dieser ohne weiteres immer wieder in die gleiche Stellung gebracht werden kann. In dieser Stellung muß sich die Schloßmutter schließen lassen und ein Strich des Zifferblattes auf der angebrachten Marke stehen. Nach Beendigung jeden Schnittes wird die Schloßmutter geöffnet, der Werkzeugschlitten in die Ausgangsstellung von Hand zurückgekurbelt, während die Bank weiterläuft. Darauf wird die durch die Leitspindel angetriebene Uhr beobachtet und in dem Moment, in dem ein Teilstrich auf die Marke zeigt, das Schloß zugeschlagen. Das Verfahren ist in der beschriebenen Weise anwendbar, wenn es sich um das Schneiden von Gewinden mit ganzen Gangzahlen handelt. Sind dagegen z. B. mit einer Leitspindel von 4 Gang auf $1''$ $12^1/_2$ Gang zu schneiden, so muß auch die Arbeitsspindel bei jedesmaligem Schließen der Schloßmutter die gleiche Stellung einnehmen.

Es gibt auch Drehbänke, bei denen der Antrieb der Leitspindel über ein Wendegetriebe geleitet wird, das gestattet, durch einen an der Räderplatte des Bettschlittens angebrachten Hebel die Leitspindel in Rechts- und Linksdrehung zu versetzen, oder sie zum Stillstand zu bringen. An solchen Bänken vollzieht sich das Gewindeschneiden so, daß nach beendetem Schnittweg der Stahl zurückgezogen und die Leitspindel umgeschaltet wird, während die Arbeitsspindel mit dem Werkstück weiterläuft. Nach Beendigung des Rücklaufes wird die Leitspindel stillgesetzt, der Drehstahl neu eingestellt und der nächste Schnitt genommen. Der Gewindestahl findet dann jedesmal den bereits vorgearbeiteten Gewindegang.

27. Einfluß der Konstruktion und des Zustandes der Maschine auf die Arbeitsgeschwindigkeit. Die Konstruktion und der Zustand der Arbeitsmaschine ist gleichfalls von Einfluß auf die Arbeitsgeschwindigkeit. Eine verhältnismäßig schwere Drehbank, die in der Hauptsache für große Spanleistungen beim Schruppen konstruiert ist, wird meist nicht günstig beim Gewindeschneiden arbeiten, da infolge der Schwere der Ausführung die einzelnen Teile auch schwerer, jedenfalls aber nur unter größerem Kraftaufwand zu bewegen sind. Da es beim Gewindeschneiden aber viel weniger auf hohe Spanleistung als auf die Möglichkeit der schnellen und sicheren Bewegung der einzelnen Maschinenglieder ankommt, so muß bei Auswahl der bestgeeigneten Maschine auf diesen Umstand Rücksicht genommen werden. Auch die bequeme Lage der einzelnen Bedienungselemente ist zu berücksichtigen und darauf zu sehen, daß die Arbeit ohne gezwungene Körperstellung des Arbeiters ausgeführt werden kann. Ferner ist die Art und der Zustand des Deckenvorgeleges von Wichtigkeit; Vorgelege mit Fest- und Losscheibe sind im allgemeinen nicht so gut zum Gewindeschneiden geeignet wie solche mit Reibungskupplungen. Diese gestatten ein genaueres und schnelleres Umschalten vom Rechts- in Linksgang als erstere.

Die Geschicklichkeit und Erfahrung des Arbeiters spielt beim Gewindeschneiden eine große Rolle; aber auch der geschickteste Dreher wird keine guten Ergebnisse erzielen, wenn er seine Maschine nicht genau kennt; denn jede einzelne hat besondere Eigenheiten, kleine Mängel usw., die der damit Vertraute ohne weiteres überwindet, die einem anderen aber mehr oder weniger große Schwierigkeiten bereiten. Das beste Ergebnis wird der Dreher erzielen, der mit seiner Drehbank völlig verwachsen ist und jedes einzelne ihrer Glieder wie Glieder seines Körpers beherrscht.

Selbstverständlich ist, daß die verlangte Arbeitsgenauigkeit und die Art der vorgeschriebenen Meßverfahren ebenfalls einen Einfluß auf die Arbeitsmenge ausüben. Die Genauigkeitsansprüche sollten deswegen sorgfältig geprüft und für die verschiedenartigen Verwendungszwecke der einzelnen Gewinde besonders bestimmt werden. Es ist zu unterscheiden, ob es sich um Befestigungsschrauben, Spindeln, Werkzeuge, Lehren usw. handelt.

28. Das Schneiden steilgängiger Gewinde. Die größten Schwierigkeiten in der Herstellung bereiten die Gewinde mit großem Steigungswinkel; mit ihrer Herstellung können meist nur die geschicktesten Dreher betraut werden. Oft werden dabei durch falsch hergestellte oder durch falsche Einstellung richtig hergestellter

Werkzeuge recht grobe Fehler begangen, die allerdings fast ebenso oft unentdeckt bleiben, weil ein Nachprüfen solcher Gewinde schwierig ist und die dazu nötigen Meßeinrichtungen verhältnismäßig wenig entwickelt und die bestehenden wenig bekannt sind.

Fast allgemein kann man die Beobachtung machen, daß beim Schneiden steiler Gewinde der Stahl in die Gangrichtung des Gewindes eingestellt wird (Stellung *a*, Abb. 120), da bei richtiger Einstellung (Stellung *b*, Abb. 120) die Schneidkanten

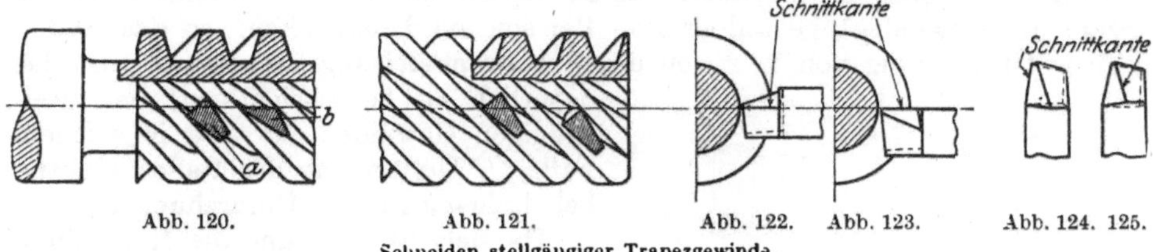

Abb. 120. Abb. 121. Abb. 122. Abb. 123. Abb. 124. 125.

Schneiden stellgängiger Trapezgewinde.

ungünstige Schnittwinkel erhalten. Die durch Anwendung der Stahlstellung *a* auftretenden Fehler, die sich durch Profiländerung ausdrücken, sind in Abschn. 6 u. 12 bereits behandelt worden.

Da die Gewinde mit großem Steigungswinkel fast immer auch ein großes Profil haben, also schon aus diesem Grunde ein Ausschruppen der Gewindelücke mit groben und ein Nachschlichten mit feinen Spänen angebracht erscheint, so empfiehlt es sich, für das Schruppen die Stahlstellung *a* zu wählen und das Schlichten mit getrennten Stählen für die rechte und linke Flanke vorzunehmen (Abb. 121 bis 125). Dabei ist zu beachten, daß die Schneidkanten der Flanken dieser Stähle waagerecht liegen müssen. Der Mehraufwand an Zeit, der bei Anwendung dieses Verfahrens auf den ersten Blick groß erscheint, ist in Wirklichkeit nur gering und kann sich unter Umständen zu einer Zeitersparnis wandeln, da beim Arbeiten mit getrennten Stählen für jede Flanke die Gefahr des Einhakens viel geringer ist; man kann mit größerer Schnittgeschwindigkeit arbeiten und erzielt mit weniger Gefahr ein sauberes Gewinde als bei den anderen Verfahren. Für solche Schrauben, die Elemente von Bewegungsmechanismen darstellen, wie z. B. Schnecken, Leitspindeln usw., und das ist bei großen Gewinden fast immer der Fall, sollte aber selbst ein geringer Mehraufwand an Zeit bei der Herstellung keine ausschlaggebende Rolle spielen; die Forderung, dem Gewinde eine korrekte Form zu geben, sollte obenan stehen, da von dieser Wirkungsgrad und Lebensdauer des Getriebes abhängt.

29. Das Schneiden mehrgängiger Gewinde. Beim Schneiden mehrgängiger Gewinde ist es nötig, beim Übergange des Schneidstahles von einem Gang in den

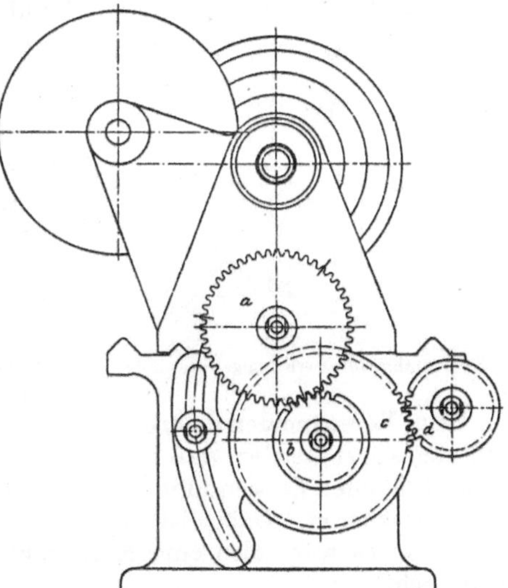

Abb. 126. Schneiden mehrgängiger Gewinde.

anderen das Werkstück um ein der Gangzahl des Gewindes entsprechendes Stück zu verdrehen. Bei zweigängigen Gewinden ist $^1/_2$, bei dreigängigen $^1/_3$, bei viergängigen

$^1/_4$ Umdrehung des Arbeitsstückes nötig usf. Dieses Versetzen des Arbeitsstückes erfolgt meist mit Hilfe der Wechselräder derart, daß man durch einen Kreidestrich die Eingriffsstelle des ersten treibenden Rades *a* mit dem Rade *b* kennzeichnet (Abb. 126), dann durch Lösen der Schere beide Räder außer Eingriff bringt und nun durch Drehen der Arbeitsspindel das Rad *a* um so viel Zähne zu dem Rade *b* versetzt, wie die Teilverdrehung ergibt, d. h. also bei zweigängigen Gewinden um die Hälfte, bei dreigängigen um ein Drittel der Zähne usw. Dabei ist nötig, die Zähnezahl des Rades *a* so zu wählen, daß diese ohne Rest durch die Anzahl der Gewindegänge teilbar ist. Bei solchen Drehbänken, wo das Rad *a* in einer Übersetzung von 1 : 2 von der Arbeitsspindel angetrieben wird, ist das natürlich zu berücksichtigen; bei zweigängigen Gewinden ist also in solchem Falle $^1/_4$ Umdrehung des Rades *a* nötig, bei dreigängigen $^1/_6$ Umdrehung usw.

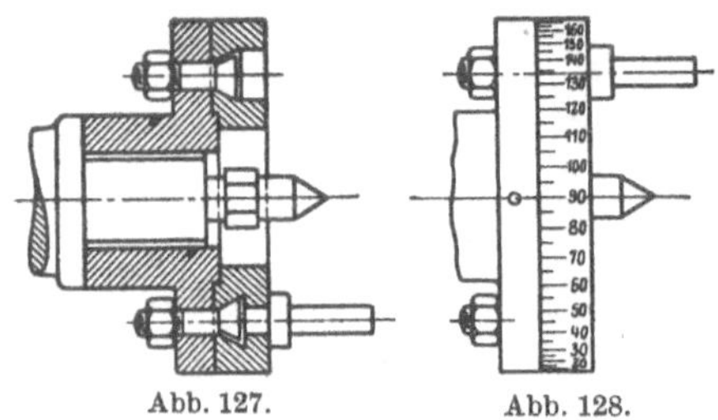

Abb. 127. Abb. 128.

Mitnehmerscheibe für mehrgängige Gewinde.

Handelt es sich um die Herstellung größerer Mengen gleicher Teile, die mit mehrgängigem Gewinde versehen werden sollen, oder wird die Arbeit von angelernten Arbeitern oder wenig geschulten Drehern ausgeführt, so erscheint das beschriebene Verfahren etwas umständlich, obgleich es für einen einigermaßen gewandten Dreher weder Schwierigkeiten noch großen Zeitaufwand mit sich bringt. Um die Arbeit zu vereinfachen, werden häufig Mitnehmerscheiben mit Schalteinrichtung angewandt, die gestatten, die Teildrehung des Werkstückes vorzunehmen, ohne die Arbeitsspindel zu verdrehen (Abb. 127 u. 128). Die Scheibe besteht aus zwei Platten, die durch eine Skala in beliebigem Winkel zueinander versetzt und in der gewünschten Stellung durch Schraubenbolzen fest miteinander verbunden werden können. Es sind auch noch andere Konstruktionen solcher Mitnehmerscheiben in Gebrauch, die statt der Skala mit Rasten und Riegel versehen sind. Bei Verwendung solcher Mitnehmerscheiben ist aber zu berücksichtigen, daß die Ausführung sowohl der Skala als auch der Rasten, was Genauigkeit betrifft, meist wenig zuverlässig ist, und daß besonders die genaue Einstellung der Skala stark von den persönlichen Eigenschaften des ausführenden Arbeiters abhängt, und somit die Vorbedingung für alle möglichen Fehler gegeben ist.

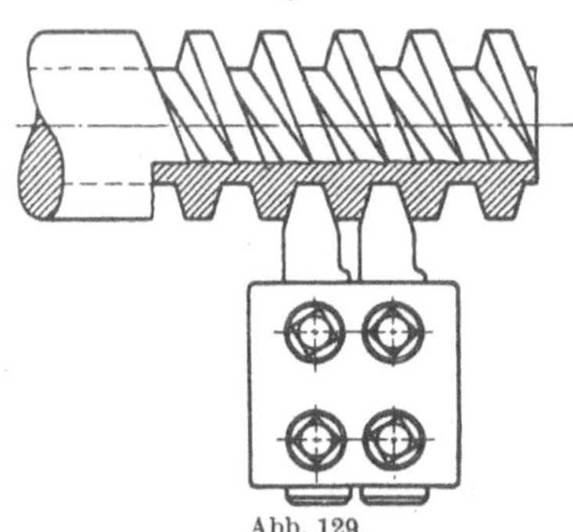

Abb. 129.

Zwei Stähle für zweigängiges Gewinde.

Beim Vorschneiden mehrgängiger Gewinde kann die Arbeitszeit dadurch wesentlich abgekürzt werden, daß man durch Einspannen mehrerer Stähle nebeneinander (Abb. 129) oder Verwendung entsprechender Strehler mehrere Gewindegänge gleichzeitig bearbeitet. Dabei ist allerdings nötig, daß der Auslauf des Gewindes dies gestattet; es wäre also eine Konstruktion des Arbeitsstückes nach Abb. 113 erforderlich.

Die Wärmeausdehnung, die später noch besonders behandelt wird, kann sich beim Schneiden mehrgängiger Gewinde, besonders bei langen Spindeln, auch dann unangenehm bemerkbar machen, wenn es sich nicht um Genauigkeitsgewinde handelt. Wird beim Vorschneiden solcher Teile nicht die genügende Vorsicht geübt, und tritt eine größere Erwärmung dabei ein, so kann es leicht geschehen, daß beim Einschneiden der einzelnen Gänge das Werkstück verschiedene Temperaturen annimmt, so daß die einzelnen Gewindegänge voneinander verschiedene Steigungen haben. Dadurch werden dann die stehenden Gewindegänge verschieden stark.

30. Kegelige Gewinde. Bei kegeligen Gewinden steht das Profil meist senkrecht zur Achse (Abb. 130), nur selten senkrecht zur Mantelfläche des Kegels (Abb. 131). Die Steigung wird in Richtung parallel zur Achse ge-

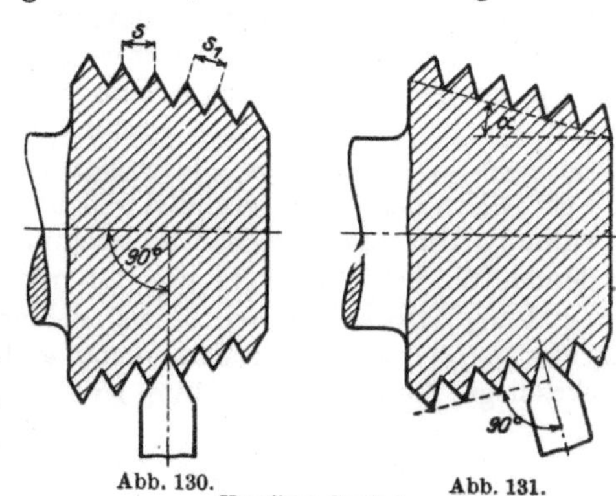

Abb. 130. Abb. 131.

Kegeliges Gewinde.

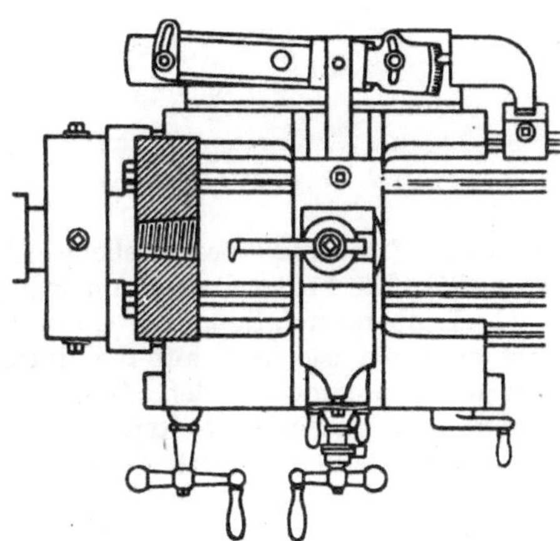

Abb. 132. Abb. 133.

Schneiden kegeliger Gewinde mit Kegellineal.

messen, Maß s (Abb. 130), nicht Maß s_1 am Mantel des Kegels.

Einwandfreie kegelige Gewinde können nur mit Hilfe des Kegellineales hergestellt werden (Abb. 132 u. 133). Da Drehbänke mit dieser Einrichtung nicht immer zur Verfügung stehen, so werden Außengewinde zwischen den Spitzen oft in gleicher Weise hergestellt wie glatte Kegel, indem der Reitstock entsprechend verstellt wird (Abb. 134). Wird dieses Verfahren angewandt, so muß bei Berechnung der Wechselräder das Maß s_1 (Abb. 130) zugrunde gelegt werden, das sich aus der Gleichung ergibt: $s_1 = s : \cos \alpha$. Durch eine besondere Zusatzeinrichtung kann auch mit Gewindeschneidmaschinen mittels Schneidkopf genaues kegeliges Gewinde geschnitten werden[1].

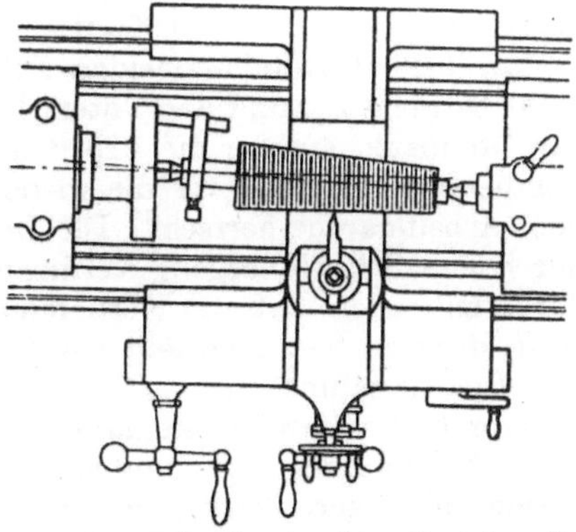

Abb. 134. Schneiden kegeliger Gewinde mit versetztem Reitstock.

---

[1] Werkst.-Techn. Jgg. 28 (1934) S. 429.

Ein weiterer Umstand ist bei Herstellung kegeliger Gewinde zwischen den Spitzen und mit verstelltem Reitstock zu beachten: Der Berührungspunkt des auf dem Werkstück festgespannten Drehherzes mit der Mitnehmerscheibe beschreibt keinen Kreis, sondern eine Ellipse (Abb. 135). Das Werkstück erhält demzufolge bei gleichförmiger Drehung der Arbeitsspindel bei jeder Umdrehung abwechselnd eine schnellere und langsamere Bewegung. Da der Werkzeugschlitten sich ebenso wie die Arbeitsspindel gleichförmig bewegt, so entsteht ein „trunkenes Gewinde" (Abb. 136), deshalb so genannt, weil man den Gewindegang des sich drehenden Werkstückes, wenn man ihn mit dem Auge verfolgt, wie einen Trunkenen hin und her schwanken sieht. Der Fehler wird noch vergrößert, wenn der Berührungspunkt des Mitnehmers nicht senkrecht über der Endfläche des Werkstückes liegt, Punkt f in Abb. 135. In diesem Falle erhält die von dem Berührungs-

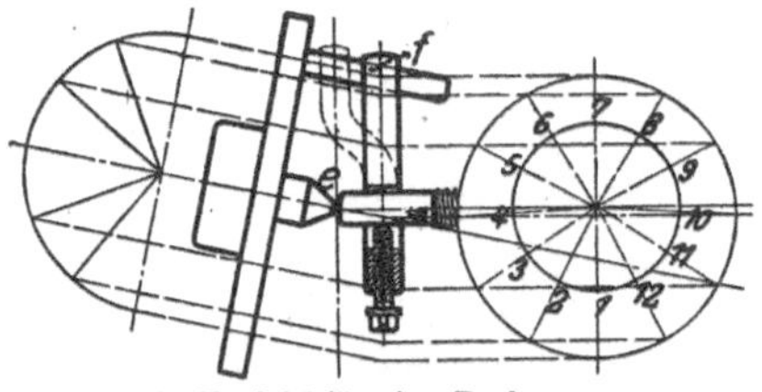

Abb. 135. Ungleichförmige Drehung.

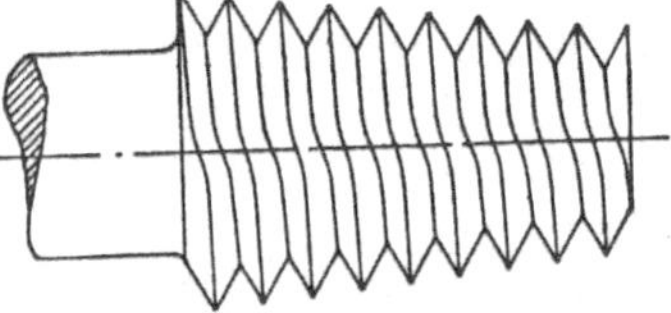

Abb. 136. Trunkenes Gewinde.

punkt des Mitnehmers beschriebene Ellipse eine zur Drehachse exzentrische Lage (Abb. 135). Die Fehler werden um so größer, je größer der Winkel α (Abb. 131) ist.

31. Temperatureinfluß. Bei Gewinden, auf deren genaue Steigung besonderer Wert zu legen ist, muß auf die durch Wärme verursachte Längenausdehnung Rücksicht genommen werden. Das ist z. B. nötig bei der Herstellung von Gewindebohrern, Gewindelehren, Leitspindeln, Teilspindeln, Meßschrauben usw. Der Einfluß der Ausdehnung durch die Wärme auf die Durchmesser der Arbeitsstücke soll hier nicht behandelt werden; seine Beachtung wird als selbstverständlich vorausgesetzt.

Die Wärmeausdehnung beträgt für Stahl bei je 1° Temperaturveränderung 0,00001 mm auf 1 mm Länge; bei einer Gewindelänge von 100 mm und 15° Temperaturunterschied also $0{,}00001 \times 100 \times 15 = 0{,}015$ mm.

Die beim Gewindeschneiden auftretende Erwärmung der Werkstücke ist oft recht beträchtlich und der Unterschied gegenüber der Temperatur der Leitspindel der Drehbank, auf der die Arbeit ausgeführt wird, um so größer, je niedriger die Temperatur der Bank ist, die wiederum von der Temperatur abhängig ist, die in dem Arbeitsraume herrscht. Die Erwärmung des Werkstückes braucht nicht nur durch den Schneidvorgang verursacht zu werden, sondern kann z. B. auch dadurch entstehen, daß die Körnerspitze, oder, wenn das Arbeitsstück in Lünetten läuft, diese zu fest angestellt wurden. Um die Erwärmung, die durch die eigentliche Spanabnahme eintritt, unschädlich zu machen, empfiehlt es sich, die Gewinde erst vorzuschneiden und sie dann fertigzuschneiden, wenn die Teile die Temperatur des Arbeitsraumes angenommen haben. Dies ist besonders zu empfehlen, wenn es sich um längere Werkstücke, z. B. Spindeln, handelt, die meist auch verhältnismäßig grobe Gewinde haben. Durch einige grobe Späne beim Vorschneiden kann schon eine nicht unbeträchtliche Erwärmung eintreten. Beträgt sie auch nur 15°, so ergibt sich nach oben angeführtem Zahlenbeispiel eine Längenveränderung bei 1 m Länge des Werkstückes von 0,15 mm. Diese große Differenz gebietet Vorsicht beim Vorschneiden; es muß in den Gewindeflanken noch so viel Werkstoff stehen gelassen werden, daß der Längenunterschied beim Nachschneiden ausgeglichen werden kann. Die Erwärmung beim Vorschneiden kann dadurch herabgemindert werden, daß man das Schmiermittel durch eine Pumpe in einem kräftigen Strahl zuführt; das Schmiermittel wirkt dann gleichzeitig als Kühlmittel.

Erwähnt sei noch, daß die Frage der Erwärmung des Werkstückes nichts zu tun hat mit der Frage, nach welcher Ausgangstemperatur die Leitspindel geschnitten ist. Diese Frage muß natürlich bei Genauigkeitsgewinden ebenfalls beachtet werden. Vor Beginn der Arbeit muß darüber Klarheit herrschen, bei welcher Ausgangstemperatur, 0° oder 20°, die Teile die angegebene Steigung haben sollen. Gleichfalls muß vorher bekannt sein, nach welcher Ausgangstemperatur die Leitspindel der Drehbank ausgeführt ist. Hat diese eine Ausgangstemperatur von 20° und soll das herzustellende Gewinde auf 0° bezogen sein, so ist dies bei Berechnung der Wechselräder zu berücksichtigen (näheres siehe Heft 4).

32. Schmiermittel. Da die Gewinde eine möglichst glatte Oberfläche haben sollen, so ist es nötig, beim Gewindeschneiden Schmiermittel anzuwenden[1]. Nur bei Bronze, Messing, Zink und anderen Weichmetallen kann davon abgesehen werden; auch kann man Gußeisen trocken schneiden. Für die Wahl des Schmiermittels ist zunächst die Art des zu verarbeitenden Werkstoffes maßgebend; bereitet er keine besonderen Schwierigkeiten, so genügt meist Seifenwasser, während für Gußstahl und zähe oder filzige Stahlsorten fettes Öl (tierisches oder Pflanzenöl) benutzt werden muß. Für gewöhnlich sind auch die sonst im Betrieb verwandten Schneidöle zum Gewindeschneiden verwendbar. In der Praxis hat sich für Arbeiten, die auf der Leitspindelbank ausgeführt werden, eine Mischung von Öl und Petroleum bewährt; dieses dünnflüssige Gemisch bedeckt nicht wie reines Öl in dicker Schicht die Oberfläche des Gewindes; der Dreher kann also gut beobachten, ob der Stahl eine glatte Oberfläche erzeugt. In besonders schwierigen Fällen muß aber auch zu teueren Ölen, wie Lardöl (Schmalzöl) oder auch zu Fischtran gegriffen werden (vgl. Abschn. 54).

Die Schmiermittel sind auch auf die Schneidhaltigkeit der Werkzeuge und damit auf ihre Lebensdauer von Einfluß. Bei Verwendung guter Öle werden die Schneiden weit weniger angegriffen als bei geringwertigen Ölen oder Seifenwasser. Da ein häufiges Nachschärfen der Werkzeuge, besonders bei automatisch arbeitenden Maschinen und Revolverbänken, die Leistungen stark herabmindert, so wird an solchen Maschinen meist fettes Öl als Schmiermittel verwendet. Der dadurch verursachte Mehraufwand an Kosten wird reichlich wettgemacht dadurch, daß die Maschinen weniger oft wegen Stumpfwerden der Werkzeuge stillgesetzt werden müssen.

33. Abwälzverfahren. Ein neues Verfahren, Gewinde herzustellen, besteht darin, daß man als Schneidwerkzeug ein Zahnrad benutzt, an dessen einer Stirnseite die Zahnkanten als Schneidkanten ausgebildet sind; es ist das gleiche Werkzeug, das an den bekannten Zahnradstoßmaschinen benutzt wird. Der Arbeitsvorgang ist aus Abb. 137 u. 138 zu erkennen. Das Werkstück dreht sich mit ziemlich großer Geschwindigkeit, während das Schneidrad, dessen Schneidkantenebene wie beim gewöhnlichen Drehstahl

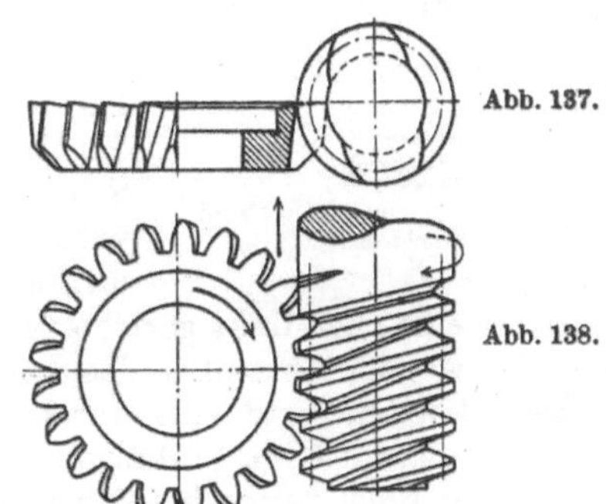

Abb. 137 u. 138. Gewindeerzeugung nach dem Abwälzverfahren.

---

[1] Vgl. Werkzeugmasch. Jg. 1933 S. 247: *E. Sachsenberg:* Einfluß verschiedener Kühlmittel auf die Arbeitsgenauigkeit beim Gewindeschneiden.

auf Mitte Werkstück eingestellt ist, zwangläufig eine Dreh- und eine Vorschubbewegung erhält. Die Schnittiefe wird vor Beginn des Schneidvorganges eingestellt, so daß beim Berühren des Werkstückes mit den Schneidkanten diese die Gewindelücken einschneiden. Das Verfahren ist eine Umkehrung des Abwälzverfahrens zum Fräsen von Zahnrädern.

Das Verfahren ist anwendbar bei der Mengenfertigung längerer Gewindespindeln, Schnecken usw. Die zu erzielenden Leistungen sind größer als beim Gewindeschneiden auf der Drehbank und beim Gewindefräsen. Beim Arbeiten in Stahl 50.11 können Werkstück-Geschwindigkeiten von $50 \cdots 100$ m/min eingehalten werden.

IV. Schneideisen und Selbstöffner.

34. Allgemeines. Die billigste Herstellungsart für Außengewinde ist die mit Schneideisen und selbstöffnenden Schneidköpfen. Fast alle Befestigungsgewinde (Schrauben) werden nach diesem Verfahren erzeugt; doch können auch Spindeln und ähnliche Teile, an deren Gewinde, was genaues Laufen betrifft, keine großen Anforderungen gestellt werden, so hergestellt werden.

Bei der Entscheidung darüber, ob ein Gewinde auf der Drehbank oder mit Schneideisen geschnitten werden soll, ist zu prüfen, ob das Gewinde zu irgendeinem Zylinder desselben Teiles genau laufen und ob die Steigung genau sein soll. Werden diese Forderungen gestellt, so sollte das Gewinde immer mit dem Stahl auf der Drehbank oder mit Leitapparat auf der Revolverbank geschnitten werden. Bei Gewinden, die mit Schneideisen geschnitten werden, kann man Ansprüche auf genaues Laufen nicht stellen; auch wird die Steigung, selbst wenn die Werkzeuge genau hergestellt sind, meist ungenau. Diese Ungenauigkeiten sind einmal darin begründet, daß die Schneideisen ebenso wie die Gewindebohrer, die im folgenden Abschnitt behandelt werden, durch das Härten Steigungsfehler erhalten und diese auf die Schrauben übertragen. Die Hauptursache der Ungenauigkeiten liegt jedoch darin, daß sich der Werkstoff der Schrauben beim Schneidvorgange streckt.

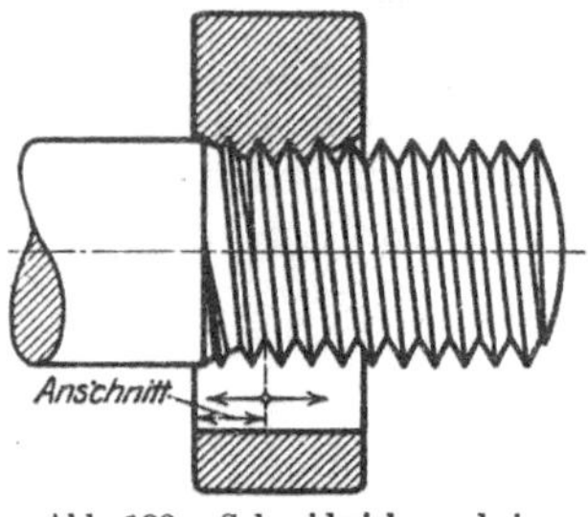

Abb. 139.   Schneidwirkung beim Schneideisen.

35. Steigungsfehler. Sobald einige Gewindegänge geschnitten sind, schiebt das Eisen sich selbsttätig vor, indem seine mittleren Gewindegänge sich auf das bereits geschnittene Gewinde aufschrauben (Abb. 139). Die nicht unerhebliche Vorschubkraft muß also von der Schraube selbst aufgenommen werden. Das Schneideisen sowie der fertige Gewindeteil der Schraube wird, wie in Abb. 139 gezeigt, in Pfeilrichtung nach rechts gedrückt, während auf den unfertigen Teil der Schraube eine nach links gerichtete Kraft wirkt. Die Grenze beider Kraftrichtungen liegt da, wo der Anschnitt des Schneideisens in den zylindrischen Teil übergeht.

Das Gewinde wird sich durch diese Kräfte um so mehr strecken, je größer das Gewindeprofil im Verhältnis zum Durchmesser ist. Feingewinde werden im allgemeinen nicht davon betroffen; dagegen sind die normalen Befestigungsgewinde der Metrischen und Whitworth-Reihen dieser Erscheinung unterworfen, da bei ihnen die Werkstoffmenge, die von dem Schneideisen zu zerspanen ist, im Verhältnis zu den Kernquerschnitten der Schrauben groß ist. Das Strecken des Gewindes wird ferner beeinflußt von der Art des zu verarbeitenden Werkstoffes, von der Schnittgeschwindigkeit, von dem Anschnitt des Schneideisens und von der Art des zur Verwendung gelangenden Schmiermittels. Sehr geschickte Revolverdreher beheben den Fehler oft dadurch zum Teil, daß sie das Schneideisen nicht nur beim Anschneiden an das Werkstück andrücken, sondern auf dem ganzen Arbeitsgange diesen Druck ausüben. Die nach rechts gerichtete Kraft (Abb. 139) wird dabei also nicht mehr von der Schraube aufgenommen, sondern von dem in der Maschine eingespannten Schneideisenkopf. Schneideisen, die mehr oder weniger stumpf sind, strecken natürlich stärker, als tadellos scharfe. Aus diesem Grunde ist die Wahl des Werkstoffes für die Schneideisen und das Härten von größter Bedeutung für das Arbeitsergebnis.

Durch Laboratoriumsversuche wurde von Professor *Berndt* festgestellt[1], daß beim Schneiden mit Schneideisen der Außendurchmesser eines 1 zölligen Gewindes um 150 μ größer wurde als das Maß des Bolzens, solange der Außendurchmesser des Schneideisens durch seine Größe den Platz für das Herausquetschen des Werkstoffes freiläßt. Die Versuche erstreckten sich über Eisendurchmesser von 24,6 bis 25,6 mm. Es hat sich dabei gezeigt, daß die Maße des fertig geschnittenen Gewindes auch von Schmierung, Schnittgeschwindigkeit und Gesamtausführung des Schneidzeuges abhängen. Wichtig sind guter Spanabfluß, also großer Spannutenquerschnitt und geeignete Anschnittwinkel. Ähnliche Ergebnisse hat die Untersuchung des Schneidens von Muttern mit Gewindebohrern erbracht, so daß Professor *Berndt* eine amerikanische Normenangabe für richtig erklärt, „eine Gewähr dafür, daß die mit genormten Schneidzeugen geschnittenen Gewinde innerhalb der Toleranzen liegen, könne nicht übernommen werden".

36. Konstruktion der Schneideisen. Die äußere Formgebung der Schneideisen muß sich nach dem Verwendungszweck richten. Für die Benutzung auf Revolver-

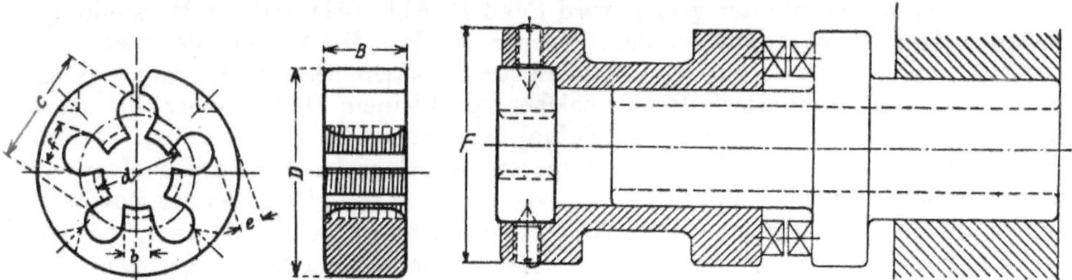

Abb. 140. Konstruktion der Schneideisen.   Abb. 141. Schneideisenhalter.

bänken und Automaten hat sich die runde Form nach Abb. 140 durchgesetzt. Schneideisen dieser Form sind genormt (DIN 223). Für den Handgebrauch werden noch vielfach Schneideisen bevorzugt, deren äußere Form viereckig oder sechseckig ist; diese Form ist gewählt, um mit Hilfe eines Schraubenschlüssels das Schneideisen auf die zu schneidende Schraube drehen zu können. Solche Schneideisen werden meist in Montage- und Reparaturwerkstätten verwendet, um Schrauben, deren Gewinde beschädigt ist, wieder instand zu setzen.

Die Schneideisen nach Abb. 140 werden normal geschlitzt ausgeführt, um den Gewindedurchmesser einstellen zu können. Für kleine Gewindedurchmesser bevorzugt man in neuerer Zeit ungeschlitzte Schneideisen, wenn die herzustellenden Gewinde mit großer Genauigkeit verlangt werden. Natürlich sind die geschlossenen Schneideisen in der Anschaffung teurer, als die geschlitzten, da ihre Gewinde nach dem Härten durch Schleifen oder Läppen auf genaues Maß gebracht werden müssen, wenn sie Gewinde mit genauen Abmessungen erzeugen sollen.

Eine von der in Abb. 140 gezeigten Schneideisenform abweichende Ausführung zeigt Abb. 142 u. 143; das Schneideisen *a* stellt einen hülsenförmigen Körper dar,

---

[1] Ausführlich siehe: Anz. Maschinenwes. vom 4. 3. 38.

dessen eines Ende mit dem Gewinde versehen und geschlitzt ist. Das andere
Ende dient zum Einspannen. Mit Hilfe des Klemmringes *b* kann man den Durchmesser des Gewindeteiles verstellen. Schneideisen dieser einfachen Form waren
vor Jahrzehnten viel in Gebrauch; sie haben den großen Vorteil, daß die Span-
lücken groß sind, die Späne also viel Platz finden und daß das Nachschärfen einfach ist. Dies kann mit einer Tellerscheibe geschehen, nachdem man den Klemm-
ring *b* abgenommen hat. In Amerika finden Schneideisen dieser Art, allerdings
konstruktiv etwas weiter durchgebildet, in den letzten Jahren immer mehr Verbreitung. In den Abb. 144 u. 145 ist ein solches Schneideisen mit Halter dargestellt.

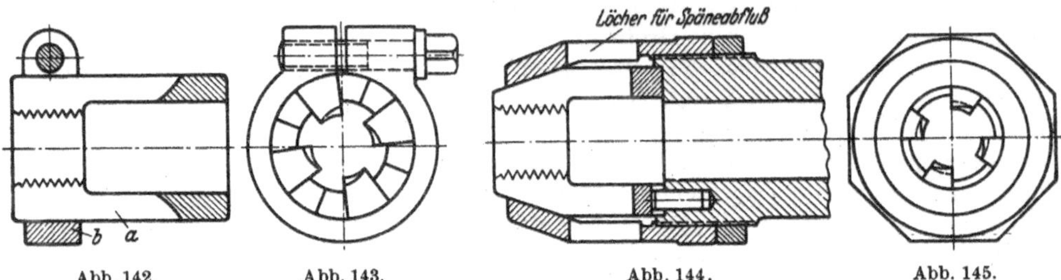

Abb. 142.   Abb. 143.   Abb. 144.   Abb. 145.

Schneideisen älterer Form.   Welterentwickeltes Schneideisen nach Abb. 142 u. 143.

37. Der Außendurchmesser *D* (Abb. 140) soll möglichst klein gehalten sein,
hauptsächlich deshalb, weil mit wachsendem Außendurchmesser des Schneideisens
auch der Schneideisenhalter größer wird (Maß *F*, Abb. 141) und die Herstellungs-
kosten beider Teile erhöht werden. Ferner werden die Werkzeuge aber auch
schwerer und in der Handhabung unbeholfener. Das tritt besonders in Erscheinung
beim Schneiden feiner Gewinde und solcher von kleinem Durchmesser, bei deren
Herstellung der Arbeiter mit etwas Gefühl arbeiten muß, um ein gutes Gewinde
zu erzeugen. Auch ist z. B. bei Automaten das Gewicht der im Revolverkopf
eingespannten Werkzeuge insofern von Bedeutung, als beim Schalten des Revolver-
kopfes, der mit unnötig schweren Werkzeugen versehen ist, die Sperrorgane, wie
Schaltring und Riegel, größere Schläge aufzunehmen haben als bei geringem Gewicht der Werkzeuge. Die Genauigkeit der Schaltung und die Lebensdauer der
Maschine wird bei zu schweren Werkzeugen gemindert. Bei Bestimmung der
Außendurchmesser ist ferner noch darauf zu achten, daß nicht zu viele verschiedene
Durchmesser gewählt werden, denn damit vermehrt sich auch die Anzahl der vor-
rätig zu haltenden Schneideisenhalter.

38. Die Länge *B* der Schneideisen (Abb. 140) wird bei mittleren Durchmessern
und normaler Steigung ungefähr gleich dem Gewindedurchmesser gewählt. Im
allgemeinen sollte die Länge nicht größer angenommen werden als unbedingt
notwendig; denn die durch das Härten eintretende Längenänderung beeinflußt
auch hier, wie bei den Gewindebohrern, die Steigung des Gewindes. Die eigentliche Schneidarbeit wird von den auf Schnitt gearbeiteten ersten Gewindegängen,
dem Anschnitt, der weiter unten näher behandelt wird, geleistet. Die in der Mitte
des Schneideisens stehen bleibenden vollen Gewindegänge dienen hauptsächlich
dazu, dem Werkzeug den richtigen Vorschub zu geben. Mit der Länge der Schneideisen wächst auch die Schwierigkeit, die Späne aus den Spanlöchern zu entfernen.

39. Die Spanlöcher sollen möglichst zahlreich und möglichst groß sein. Zahlreich, weil die Anzahl der Schneiden gleich der Anzahl der Spanlöcher ist und
bei einer größeren Zahl von Schneiden sich die von jeder einzelnen zu leistende
Arbeit verringert, also die Schneide weniger beansprucht wird, länger scharf bleibt
und feinere Späne erzeugt. Groß sollen die Spanlöcher sein, damit die Späne ge-

nügend Raum haben. Die Späne dürfen sich nicht zusammenballen, sondern müssen durch das Schmiermittel fortgespült werden, weshalb es auch von Wichtigkeit ist, möglichst feine Späne zu erzeugen.

Die Forderungen: kleiner Außendurchmesser und große Spanlöcher stehen im Gegensatz zueinander. Es ist der Geschicklichkeit des Konstrukteurs überlassen, hier den besten Ausweg zu finden. Zu beachten ist die Wandstärke e (Abb. 140), die nicht zu schwach werden darf, da sonst die Bruchgefahr groß wird. Für die

Tabelle 3. Schneideisen für metrische Gewinde nach Abb. 140.
(Z = Anzahl der Spanlöcher.)

d	D	B	c	f	Z	d	D	B	c	f	Z
3	20	5	9	5	3	11	30	11	16	6	5
3,5	20	5	9	5	3	12	38	14	19	7,25	5
4	20	5	9	5	3	14	38	14	20	7,25	5
4,5	20	7	9	5	3	16	45	18	24	8	5
5	20	7	9	4,5	3	18	45	18	25	8,5	5
6	20	7	9,5	4,25	4	20	45	18	26,5	8,5	5
7	25	9	11,5	5,5	4	22	55	22	30	11	5
8	25	9	12,5	5,5	4	24	55	22	32	11	5
9	25	9	13,5	5,5	4	27	65	25	39	12	5
10	30	11	15	6,5	4	30	65	25	39	12	5

normalen Befestigungsgewinde der Metrischen und Whitworth-Tabellen werden von den Werkzeugfabriken gut bemessene Schneideisen in den Handel gebracht, deren Außendurchmesser, Länge und Befestigung genormt sind (DIN 223). Für die Bestimmung der Anzahl, Größe und Lage der Spanlöcher dient die Tabelle 3.

Bei Schneideisen für Feingewinde von großem Durchmesser werden die Spanlöcher unter Berücksichtigung des oben Angeführten oft nicht mit runden, sondern mit langen Spanlöchern versehen (Abb. 146).

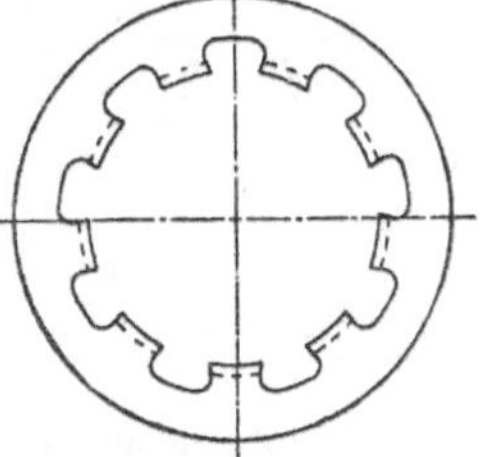

Abb. 146. Schneideisen mit langen Spanlöchern.

40. Die **Stollenbreite** b (Abb. 140) soll nicht größer gewählt werden, als für ihre Haltbarkeit gegen Bruch nötig ist, denn um den Raum, den die unnötig breiten Stollen zuviel beanspruchen, werden die Spanlöcher enger. Für normale Gewinde hat sich eine Breite von $^1/_4$ bis $^1/_3 d$ als praktisch brauchbar erwiesen, wobei d der Gewindedurchmesser ist.

41. Der **Anschnitt** wird möglichst kurz ausgeführt, um auch Gewinde, die bis an einen Ansatz oder einen Schraubenkopf reichen, schneiden zu können. Bei

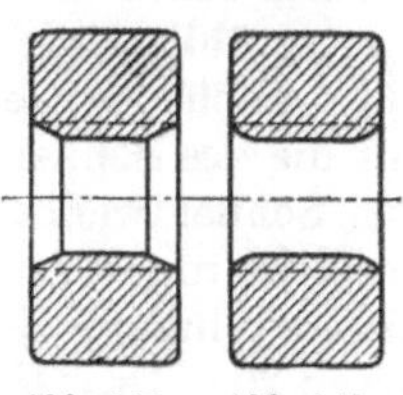

Abb. 147. Abb. 148.
Anschnitt der Schneideisen.

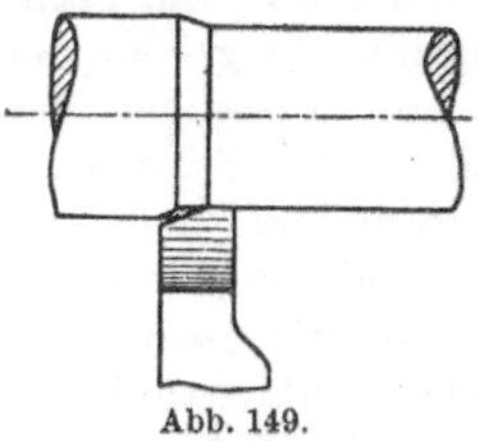

Abb. 149. 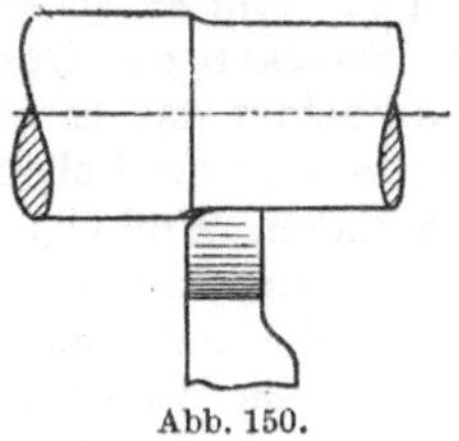   Abb. 150.
Schneideisenanschnitt und Drehstahl.

normalen Gewinden werden höchstens zwei Gewindegänge zum Anschnitt benutzt. Zu diesem Zweck werden die Schneideisen entweder nach Abb. 147 kegelförmig ausgesenkt oder nach Abb. 148 ausgerundet. Die erste Ausführungsform bereitet der Herstellung weniger Schwierigkeiten als die letztere; besonders lassen sich, wenn der Anschnitt von Hand gefeilt wird, bei der kegelförmigen Form die einzelnen Schneidkanten mit geringerer Mühe zum gleichmäßigen Schneiden bringen als bei der runden. Die runde Form des Anschnittes erleichtert aber die Erzeugung sauberer Gewinde, da die Verteilung der von den einzelnen Gewindezähnen zu leistenden Arbeit so ist, daß die ersten Gewindegänge mehr Werkstoff zu zerspanen haben als die folgenden. Der Unterschied in der Arbeitsweise beider Ausführungsarten wird deutlicher, wenn man sich beide Schneidformen auf gewöhnliche Drehstähle übertragen denkt (Abb. 149 u. 150). Der Stahl nach Abb. 150 erzeugt Späne, die am großen Durchmesser des Werkstückes am stärksten sind und nach dem von dem Stahl erzeugten Durchmesser schwächer werden (Kommaform). Der Teil der Schneide, der das Fertigmaß erzeugt, wirkt also als Schlichtstahl. Im Gegensatz hierzu sind die von dem Stahl nach Abb. 149 erzeugten Späne an allen Stellen der Schneide von gleicher Stärke. Die mit einem Stahle nach Abb. 150 bearbeitete Oberfläche wird glatter sein als die mit einem Stahl nach Abb. 149 bearbeitete.

Die Schneideisen werden auf beiden Seiten mit Anschnitt versehen; um nach Verbrauch der einen Seite das Eisen umdrehen und es von der anderen Seite benutzen zu können. Dadurch wird die Lebensdauer der Eisen erhöht.

Von großer Wichtigkeit ist, daß die Schneiden alle gleichmäßig viel Arbeit leisten, da im anderen Falle die erzeugten Gewinde an Genauigkeit und Sauberkeit verlieren, . andererseits aber auch die Lebensdauer der Schneideisen gemindert wird, denn durch das Aussetzen einer oder einiger Schneiden werden die anderen überlastet und vorzeitig zerstört.

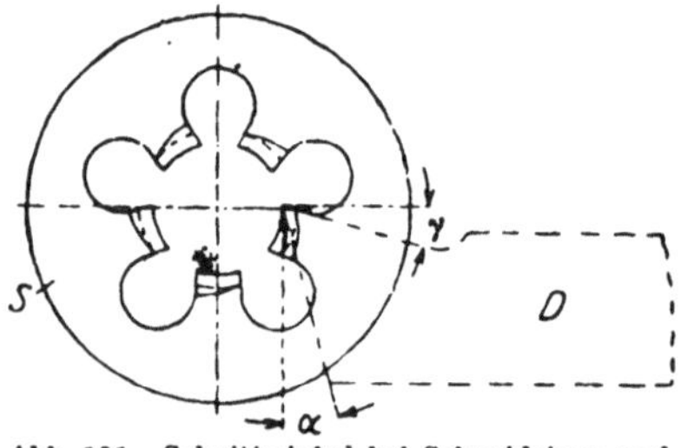

Abb. 151. Schnittwinkel bei Schneideisen und Drehstahl. α Freiwinkel; γ Spanwinkel.

42. Der Freiwinkel α (Abb. 151) muß auf die Länge des Anschnittes angearbeitet werden. Das geschieht entweder durch Hinterdrehen, Fräsen oder von Hand durch Feilen. Für das Maß des Freiarbeitens sind die gleichen Betrachtungen maßgebend, die für gewöhnliche Drehstähle gelten. An dem Schneideisen S in Abb. 151 ist α gleich dem des in der gleichen Abbildung angedeuteten Drehstahles D; für seine Bemessung ist die Art des zu verarbeitenden Werkstoffes bestimmend. Man wird also für harten Stahl den Winkel kleiner wählen als für weichen Stahl, Eisen oder Messing.

43. Der Spanwinkel γ (Abb. 151) ist für ein gutes Arbeiten der Schneideisen von größter Bedeutung; er ist sinngemäß in gleicher Weise wie der Freiwinkel α von dem gewöhnlichen Drehstahl abzuleiten, seine Größe richtet sich gleichfalls nach dem zu verarbeitenden Werkstoff und beeinflußt in hohem Maße das bereits erwähnte Strecken des Gewindes. Je größer der Winkel γ gewählt wird, um so leichter schneidet das Eisen, um so weniger streckt sich also auch das Gewinde. Andererseits wird die Lebensdauer der Schneiden und damit die des Schneideisens mit wachsendem Winkel γ vermindert; denn wie bei jedem Schneidwerkzeug, so ist auch hier eine schlanke Schneide empfindlicher als eine solche mit stumpferem Winkel. Weiche und zähe Werkstoffe bedingen einen größeren Winkel γ als harte und kurzbrüchige. In der Praxis wählt man den Winkel γ bis zu 20°. Das Gewindeprofil wird durch den Winkel γ nicht beeinflußt.

Um die Beanspruchung der Schneideisen und des zu verarbeitenden Werkstoffes zu verringern und gleichzeitig die Erzeugung glatter Gewindeoberflächen zu erleichtern, wendet man bei gröberen Gewinden, ebenso wie bei den Gewindebohrern, Vor- und Nachschneider an. Das geschieht oft beim Schneiden von Gewinden in Werkzeugstahl oder in besonders zähen oder filzigen Werkstoff.

44. Selbstöffner. Die Schneideisen haben den Nachteil, daß sie nach Fertigstellung des Gewindes von diesem wieder abgeschraubt werden müssen. Dies geschieht meist durch Linkslauf der Maschine, der nur wegen der Schneideisen nötig ist. Abgesehen von den dadurch entstehenden Mehrkosten in der Anlage bedingt das Umschalten der Maschine bei jedem Gewinde auch einen Zeitverlust. Ferner geschieht es häufig, daß beim Rückgang das eben geschnittene Gewinde zerrissen und damit das Werkstück unbrauchbar wird.

Alle diese Mängel beseitigt der selbsttätig öffnende Gewindeschneidkopf, Abb. 152 u. 153, in der Praxis kurz Selbstöffner genannt, der in verschiedenen Konstruktionen auf den Markt gebracht wird. Die Konstruktion ist grundsätzlich

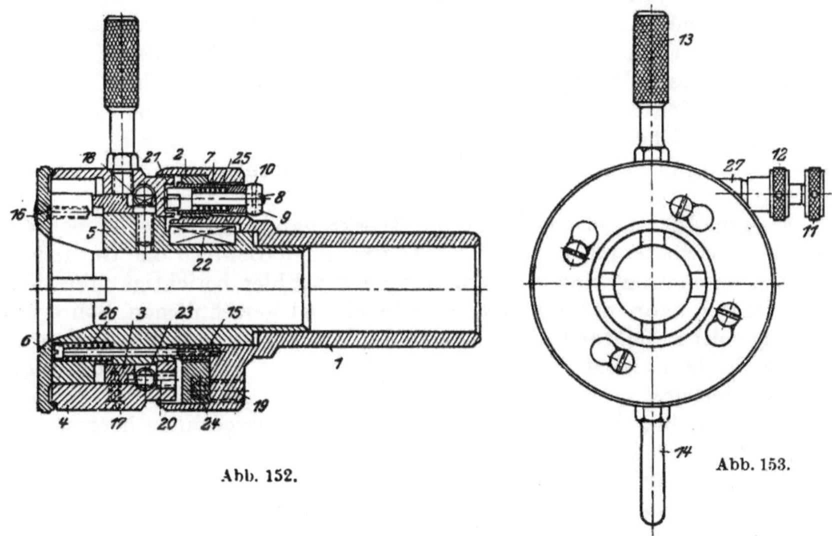

Abb. 152.　　　　　Abb. 153.

Querschnitt der selbstöffnenden Gewindeschneidköpfe.

1 Schaft. *2* Einstellung. *3* Innerer Führungsring. *4* Äußerer Führungsring. *5* Körper. *6* Deckel. *7* Hülse. *8* Haltestift. *9* Griff. *10* Stift für Griff. *11* Einstellschraube. *12* Gegenmutter. *13* Schließgriff. *14* Anschlagstift. *15* Rückzugfederschraube. *16* Deckelschraube. *17* Führungsringschraube. *18* Federanlageschraube. *19* Nachstellfederschraube. *20* Öffnungsfederschraube. *21* Raste. *22* Federkeil. *23* Öffnungsfeder. *24* Nachstellfeder. *25* Haltestiftfeder. *26* Rückzugsfeder. *27* Gewindehülse.

fast immer die gleiche: In einem futterartigen Körper sind in entsprechenden Schlitzen vier strehlerartige Schneidbacken verschiebbar angebracht. Durch einen Hebel werden die Schneidbacken in Arbeitsstellung gebracht und das Gewinde geschnitten. Die gewünschte Gewindelänge kann an einem Anschlag eingestellt werden; ist sie erreicht, so löst der Anschlag eine Feder aus, die die Gewindebacken zurückzieht, so daß sie außer Eingriff mit dem Gewinde kommen. Der Schneidkopf kann dann zurückgezogen werden.

Die Selbstöffner hatten anfänglich den Mangel, daß die mit ihnen geschnittenen Gewinde kegelig wurden, und zwar nach dem Einspannende zu stärker. Dieser Mangel ist bei den neueren Konstruktionen und guter Ausführung behoben. Der Durchmesser des zu schneidenden Gewindes ist bei den Selbstöffnern einzuregulieren; auch ist es möglich, Gewinde vor- und fertigzuschneiden, derart, daß man beim Vorschneiden den Kopf nicht ganz schließt, nach dem Vorschneiden zurückgeht und mit ganz geschlossenem Kopf den Schlichtschnitt nimmt. Bei besonderer Ausführung des Selbstöffners lassen sich auch kegelige Gewinde schneiden.

V. Gewindebohrer.

45. Allgemeines. Die einfachste, was Formgebung betrifft, genaueste und fast immer billigste Herstellung von Innengewinden erfolgt mit Gewindebohrern. Nur bei großen Durchmessern, wo Gewindebohrer teuer und unhandlich werden, treten Gewindestahl und Strehler sowie das Gewindefräsen in vorteilhaften Wettbewerb mit dem Gewindebohrer. Die Genauigkeit der Formgebung bei Benutzung von Gewindebohrern ist deshalb größer als bei der Herstellung mittels Stahles oder Strehlers, weil es viel leichter ist, einen Gewindebohrer mit genau profiliertem Gewinde zu schneiden und zu prüfen als ein Innengewinde.

Als ein großer Mangel der Gewindebohrer wird es empfunden, daß es nur schwer, oft überhaupt nicht möglich ist, die Steigung genau zu halten. Die Steigungsfehler, die oft erheblich sind, werden hervorgerufen durch das Verziehen des Stahles beim Härten. Wenn es auch guten Werkzeugfabriken gelingt, den Härteverzug einigermaßen zu meistern und die Steigungsfehler in mäßigen Grenzen zu halten, so sind bei langen Muttern die Störungen, die durch Verschiedenheit der Steigungen von Schraube und Mutter entstehen (Abb. 35), immer unangenehm.

Seit einigen Jahren bringen nun die Werkzeugfabriken Gewindebohrer mit geschliffenem Gewinde auf den Markt. Da bei diesen Bohrern das Gewinde nach dem Härten geschliffen wird, so werden die Härtefehler berichtigt und die Steigung der Bohrer kann weitaus genauer sein als bei gewöhnlichen Bohrern. Bei Verwendung solcher Bohrer zum Schneiden der Muttergewinde und von Schrauben mit genauer Steigung sind die Schraubenverbindungen von viel größerer Zuverlässigkeit als bisher.

Geschliffene Bohrer können nur für Spitz- und Trapezgewinde hergestellt werden. Andere Gewindeformen sind entweder überhaupt nicht zu schleifen, oder nur mit verwickelten Einrichtungen (Profilscheiben usw.). Aber auch beim Schleifen der Spitz- und Trapezgewinde treten Profilverzerrungen auf, die aber soweit korrigiert werden können, daß wenigstens der Profilwinkel stimmt, die leichte Flankenkrümmung kann eher hingenommen werden als Steigungsfehler. Die Umstände, die die Profilverzerrung hervorrufen, sind die gleichen, die beim Fräsen der Gewinde Geltung haben; sie sind im Abschnitt über Gewindefräsen behandelt.

Über die „Schnittkräfte beim Gewindebohren“ sind Untersuchungen an der Technischen Hochschule in Berlin angestellt worden[1].

46. Bemessung der Durchmesser. Für Gewinde, die im Außen- und Kerndurchmesser zwischen Schraube und Mutter Spielraum haben (Abb. 12 u. 14), muß der Außendurchmesser des Gewindebohrers größer sein als der Außendurchmesser der Schraube. Das Spiel am Kerndurchmesser der Schraube wird durch entsprechendes Größerbohren des Kernloches der Mutter erzielt. Der Flankendurchmesser ist bei Gewindebohrer und Schraube gleich groß. Bei Gewindebohrern, die zum Herstellen von Schneideisen dienen, ist auch der Außen- und Kerndurchmesser gleich dem der Schraube, da ja die Schneideisen genau das Gewinde der zu ihrer Herstellung benutzten Bohrer wiedergeben.

47. Mutterbohrer. Die bekanntesten Gewindebohrer für den Gebrauch auf Maschinen sind die Mutterbohrer (Abb. 154). Sie sind außen kegelig und am vorderen Ende im Außendurchmesser so stark wie der Kerndurchmesser des Gewindes. Das Gewinde wird durch einmaliges Durchdrehen des Bohrers fertig geschnitten; der Gewindeteil und der kegelige Anschnitt ist deshalb verhältnismäßig lang.

---

[1] Masch.-Bau-Betrieb Bd. 12 (1933) S. 450.

Der Bohrer hat in seinem kegeligen Teil l (Abb. 154) fast die ganze Arbeit zu verrichten. Demzufolge ist bei der Konstruktion solcher Bohrer die zu leistende Arbeit zu berücksichtigen, d. h. es muß beachtet werden, in welchem Verhältnis die Steigung des Gewindes zum Durchmesser steht, welche Länge die zu schneidende Mutter hat und aus welchem Werkstoff sie gefertigt ist. Die im Handel käuflichen Mutterbohrer sind meist so bemessen, daß sie zum Schneiden von Gewinden, wie sie in den metrischen und Whitworth-Tabellen angegeben sind, genügen, wobei eine Mutterhöhe etwa gleich dem Gewindedurchmesser, und als Werkstoff Stahl geringer oder mittlerer Festigkeit angenommen ist.

Gewindebohrer kleineren Durchmessers brechen leicht, da der geringe Querschnitt des Kernes und des Schaftes in einem ungünstigen Verhältnis zu ihrer Beanspruchung beim Arbeiten steht. Bei der Konstruktion solcher Bohrer ist dieser Umstand zu beachten, und der Durchmesser des Schaftes ausreichend stark zu wählen, wenn nötig, stärker als der Außendurchmesser. Für gewöhnlich macht man den Schaft ebenso stark wie den

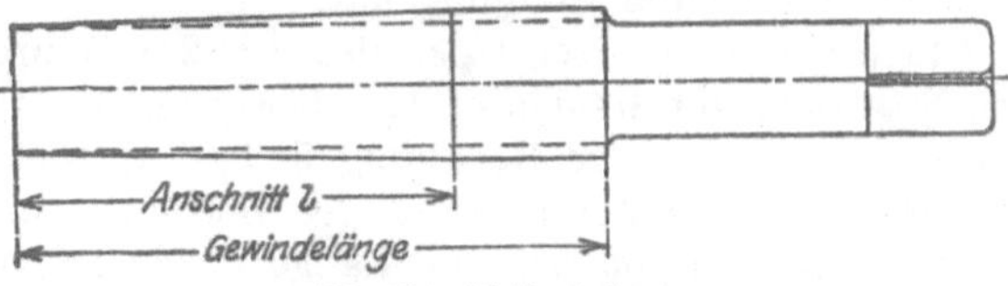

Abb. 154. Mutterbohrer.

Kerndurchmesser des Gewindes. Ist das Gewinde von größerer als normaler Steigung, oder ist die Mutter ungewöhnlich lang, so wird die Bruchgefahr vergrößert; es empfiehlt sich in solchen Fällen statt eines Bohrers zwei oder mehr anzuwenden, die dann als Vor- und Nachschneider ausgebildet und in ihren Durchmessern entsprechend abgestuft sein müssen. Umgekehrt kann bei Feingewinden die Länge der Bohrer verringert werden.

Die Abmessungen der Gewindebohrer für metrische und Whitworth-Gewinde sind genormt, und zwar

	Metrisch	Whitworth
Handgewindebohrer	DIN 352	DIN 351
Rohrgewinde	,, —	,, 353
Mutter-Gewindebohrer	,, 357	,, 356
Schneideisen-Gewindebohrer	,, 359	,, 358
Schneideisen-Gewindebohrer für Rohrgewinde . . .	,, —	,, 360

48. Sonderbohrer. Aus der Form des Bohrers (Abb. 154) ist zu erkennen, daß er nur für durchgehende Löcher benutzt werden kann. Meist gehen aber die auf Drehbänken und Revolverbänken geschnittenen Gewinde nicht durch, so daß die Mutterbohrer nicht verwendbar sind. Es müssen in solchen Fällen zylindrische

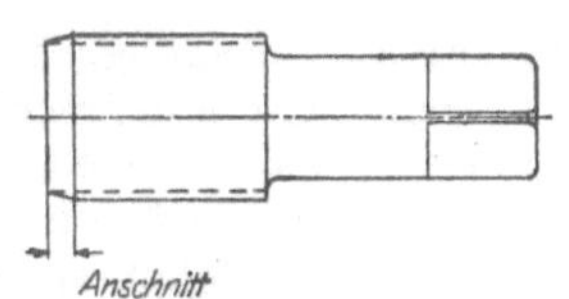

Abb. 155. Bohrer mit kurzem Anschnitt.

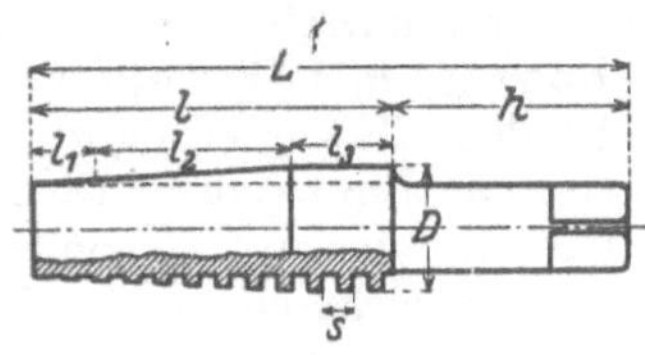

Abb. 156.

Gewindebohrer mit kurzem Anschnitt benutzt werden (Abb. 155). Da außerdem meist Feingewinde in Betracht kommen, so ergibt sich die Notwendigkeit, Sondergewindebohrer herzustellen.

Auch für Flach- und Trapezgewinde müssen die nötigen Gewindebohrer meist von Fall zu Fall, den Anforderungen entsprechend hergestellt werden. Dabei läßt man sich leicht verleiten, in Anlehnung an die normalen Gewindebohrer die Schnittlänge sowohl als auch die ganze Länge im Verhältnis zu dem Nenndurchmesser des Gewindes zu bestimmen. Dieses Verfahren führt dann zu ungünstigen Ergebnissen, wenn die Gewindesteigung wesentlich kleiner oder größer ist als die normale. Ist das in Frage kommende Gewinde feiner, so wird der hergestellte Gewindebohrer (besonders bei großen Durchmessern) zu lang und damit zu teuer; ist das Gewinde von größerer Steigung als die normale, so kann es geschehen, daß die einzelnen Bohrer im Querschnitt so schwach und die Zähne so stark belastet werden, daß Bruchgefahr besteht. Man sollte daher bei Bestimmung der Schnittlänge von dem zu zerspanenden Profilquerschnitt ausgehen und die Stärke des Spanes, den jeder Zahn zu bewältigen hat, feststellen. Als Beispiel sei der Bohrer in Abb. 156 angeführt, der bei 40 mm Durchmesser ein eingängiges Flachgewinde von 10 mm Steigung hat.

Die Gewindetiefe sei $^1/_2 s$, also $10 : 2 = 5$ mm. Nehmen wir für einen Zahn eine Spantiefe von 0,05 mm als zulässig an, so ergibt sich die Anzahl der schneidenden Zähne aus der Rechnung $5 : 0,05 = 100$ Zähne.

Nehmen wir ferner an, daß der Bohrer 4 Spannuten, also 4 Zahnreihen erhalten soll, so ergibt sich die Länge l_2 des schneidenden Bohrerteiles aus

$$l_2 = \frac{100\,s}{4} = \frac{100 \cdot 10}{4} = 250 \text{ mm.}$$

Bei der Bestimmung der ganzen Bohrerlänge L ist jedoch zu berücksichtigen, daß der Bohrer zum bequemen Einführen in das Loch auf die Länge l_1 schwächer sein muß als das Kernloch und daß ein zylindrischer Teil l_3 nötig ist. Die Gewindelänge l setzt sich also zusammen aus $l_1 + l_2 + l_3$.

Nehmen wir für vorliegendes Beispiel $l_1 = 0,5\,d = 20$ mm und $l_3 = 0,8\,d = 32$ mm an, so ergibt sich: $l_1 = 20$ mm, $l_2 = 250$ mm, $l_3 = 32$ mm und daraus $l = 302$ mm. Hierzu kommt noch die Halslänge, die mit 100 mm gewählt sei, so daß die ganze Bohrerlänge $L = 402$ mm beträgt.

Diese große Länge wird selten anwendbar sein; man wird deshalb mindestens 2 Bohrer anwenden, also das Maß l_2 auf 2 Bohrer verteilen, so daß sich folgende Rechnung ergibt: $l_1 = 20$ mm, $l_2 = 125$ mm, $l_3 = 32$ mm, $h = 100$ mm und daraus $L = 277$ mm.

Die in dieser Rechnung angenommenen Zahlenwerte können nicht als Norm betrachtet werden; eine Spantiefe von 0,05 mm je Zahn kann zu groß oder zu klein sein, je nach der Art der auszuführenden Arbeit. Bestimmend für die zulässige Spantiefe sind: Das Verhältnis von Steigung zu Gewindedurchmesser, Art des zu verarbeitenden Werkstoffes, Länge der zu schneidenden Mutter und die Art des angewandten Schmiermittels.

Gewindebohrer mit Feingewinde zeigen oft die Neigung, beim Anschneiden nicht dem Gewindegang zu folgen, d. h. sich nicht entsprechend der Steigung des Gewindes in axialer Richtung vorzuschieben, sondern wie eine Reibahle zu arbeiten und das auf Gewindekernmaß vorgebohrte Loch aufzuweiten. Dies tritt besonders leicht ein, wenn der Anschnitt des Gewindebohrers im Verhältnis zu der Steigung des Gewindes zu lang gewählt wurde, so daß die Spantiefe, die jeder einzelne Gewindegang zu bewältigen hat, zu gering ist. Es ist deshalb ratsam, den Anschnitt nicht länger zu wählen, als nötig ist.

Ein weiterer Übelstand bei Gewindebohrern mit Feingewinde ist der, daß sie beim Arbeiten in Einsatzstahl und weichem Flußstahl zum Fressen neigen, d. h. das geschnittene Gewinde zerreißen. Es ist im allgemeinen leichter, ein gutes Feingewinde in Stahl 60.11 oder härteren Stahl zu schneiden, als in Einsatzstahl.

Man kann diesem Übel dadurch begegnen, daß man die Gewindebohrer leicht hinterdreht und zwar nicht nur im Außendurchmesser, sondern im ganzen Gewindeprofil. Eine Hinterdrehkurve von 0,5 mm hat sich als praktisch erwiesen. Um ein Einhaken und Rattern des Bohrers zu vermeiden, lasse man die Hinterdrehung erst etwa 2 mm hinter der Schneidbrust beginnen, so daß also an jedem Zahn eine zylindrische Führung von 2 mm Breite stehen bleibt (Abb. 160). Dieses Freiarbeiten der Gewindeflanken ist auch bei anderen Gewindebohrern zu empfehlen. Viele geschliffenen Gewindebohrer werden dementsprechend so ausgeführt, daß die Schleifscheibe beim Schleifen der einzelnen Zähne um einige Hundertstel Millimeter der Drehmitte genähert wird, so daß also der Zahnrücken einen etwas kleineren Durchmesser erhält als die Schneidbrust. Das gute Arbeiten der geschliffenen Gewindebohrer ist mit auf diesen Umstand zurückzuführen.

49. Spannuten. Die Spannuten müssen so weit sein, daß die Späne genügend Platz finden. Die Form der Spannuten kann verschieden sein, die Form (Abb. 157) entspricht der für Handgewindebohrer meist üblichen. Die so ausgeführten Bohrer haben den Nachteil, daß sich beim Zurückdrehen der Bohrer die Späne zwischen den Bohrer und das fertig geschnittene Gewinde ein-

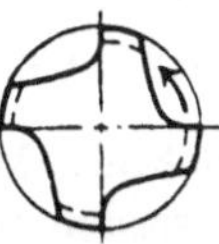
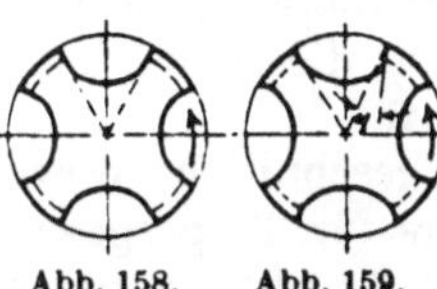

Abb. 157.   Abb. 158.   Abb. 159.   Abb. 160.
Verschiedene Nutenformen.

keilen und dieses zerreißen können. Das geschieht besonders dann sehr leicht, wenn die Spannuten eng sind, die Späne sich also fest zusammenballen und die Spannut vollständig ausfüllen. Besser bewährt haben sich in dieser Hinsicht Bohrer mit Nuten nach Abb. 158. Bei diesen werden die Späne beim Rückwärtsdrehen der Bohrer zurückgeschoben und haben keine Gelegenheit, sich zwischen diesen und das Muttergewinde einzuklemmen.

Im Gegensatz zu den Gewindestählen für Außen- und Innengewinde, bei denen die Spanfläche der Schneide radial zu dem zu schneidenden Gewinde stehen muß, ist es bei Gewindebohrern nicht nötig, diese Forderung zu stellen. Im Gegenteil ist die Lage der Spanfläche bei Gewindebohrern für die Formgebung des Gewindes bedeutungslos; maßgebend ist lediglich die Schnittwirkung. Es ist also durchaus statthaft und z. B. beim Schneiden von zähem Werkstoff zu empfehlen, die Spanfläche nach Abb. 159 hohl auszuschleifen. Der so entstehende Spanwinkel γ wird bis zu 20° gewählt. Wichtig, aber oft nicht ausgeführt, ist es, daß Winkel γ am Anschnitt eine genügende Größe hat.

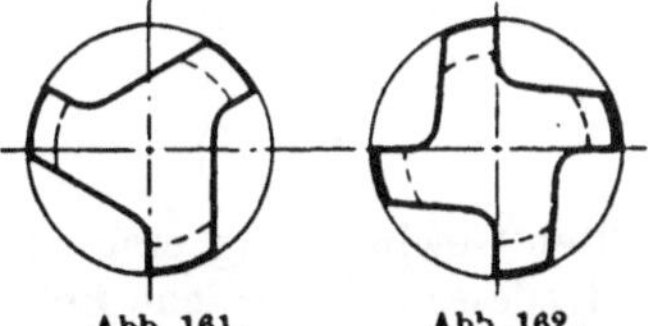

Abb. 161.   Abb. 162.

Mit der Anzahl der Spannuten ist gleichzeitig die Anzahl der Schneidzahnreihen gegeben. Die im Handel befindlichen Bohrer für normale metrische und Whitworth-Gewinde haben 3 oder 4 Spannuten. Die Ansichten darüber, welche Nutenzahl zweckmäßiger ist, gehen weit auseinander. Bei 3 Nuten wird es im allgemeinen leichter sein, dem Muttergewinde den Durchmesser des Bohrers zu geben; 3 Punkte bestimmen einen Kreis (Abb. 161). Bei 4 und mehr Schneiden wird es selten gelingen, alle Schneidkanten auf einen Kreis zu bringen, vielmehr wird durch Härteverzug und Arbeitsfehler leicht der Fall eintreten, daß alle Schneiden, die mehr als 3 vorhanden sind, auf anderen Kreisbögen liegen (Abb. 162). Daraus folgt, daß Bohrer mit mehr als 3 Spannuten in der Regel etwas größere Gewinde schneiden, als dem Bohrerdurchmesser entspricht. Ist das Übermaß klein (einige Hundertstel mm), so wird dieser Fehler zum Vorteil, weil in dem größeren

Muttergewinde der Gewindebohrer weniger schädliche Reibungsarbeit zu leisten hat und demzufolge weniger leicht abbricht.

50. Nachstellbare Gewindebohrer. Gewinde größeren Durchmessers, die genau lehrenhaltig sein sollen, werden zweckmäßig mit nachstellbaren Bohrern geschnitten bzw. nachgeschnitten. In Abb. 163 ist ein solcher Bohrer dargestellt, dessen Gewindeteil geschlitzt und mit einer zentralen kegeligen Bohrung versehen ist. Mittels der Stellschraube mit Vierkant kann der Durchmesser des Bohrers vergrößert und so etwa eintretender Verschleiß ausgeglichen werden. Der Bohrer (Abb. 164) hat eingesetzte Backen, die gleichfalls durch eine zentral angeordnete Schraube nachgestellt werden können.

Abb. 163. Nachstellbarer Gewindebohrer.

Diese nachstellbaren Bohrer sind besonders beim Bearbeiten von Gußeisen von großem Wert, da dieser Werkstoff durch seine schleifende Wirkung die Bohrer stark verschleißt.

51. Kegelig geschnittene Gewindebohrer. Muttergewindebohrer für grobe Gewinde, besonders für Trapezgewinde, werden des besseren Anschnittes wegen oft so ausgeführt, daß nicht nur der Außendurchmesser kegelig gedreht, sondern auch das Gewinde kegelig geschnitten wird, d. h. also am Anschnitt schwächer. Die so ausgeführten Bohrer haben den Fehler, daß nicht nur der Rücken des Zahnes auf einem größeren Durchmesser liegt als die Schneidkante (was noch am leichtesten durch Hinterfeilen o. dgl. beseitigt werden kann), sondern auch die Flanke und der Kern. Liegt z. B. der Punkt a des Bohrers in Abb. 165 auf der Schneidkante, so liegt der Punkt b, da ja der Bohrer außen und im Kern kegelig ist, auf einem größeren Durchmesser. Der Rücken des Bohrers wird also wie eine kegelige Schraube in den von der Schneidkante herge-

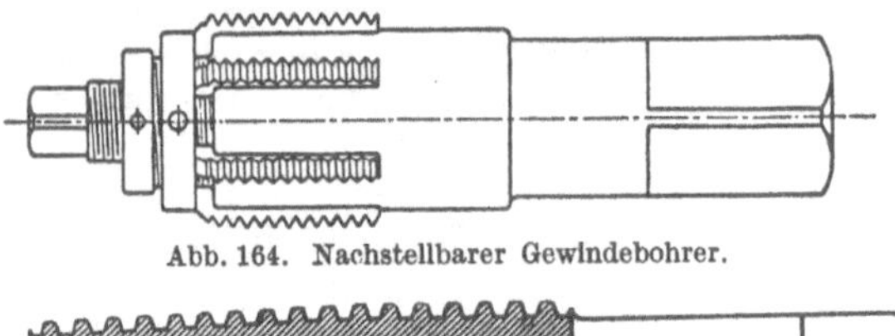

Abb. 164. Nachstellbarer Gewindebohrer.

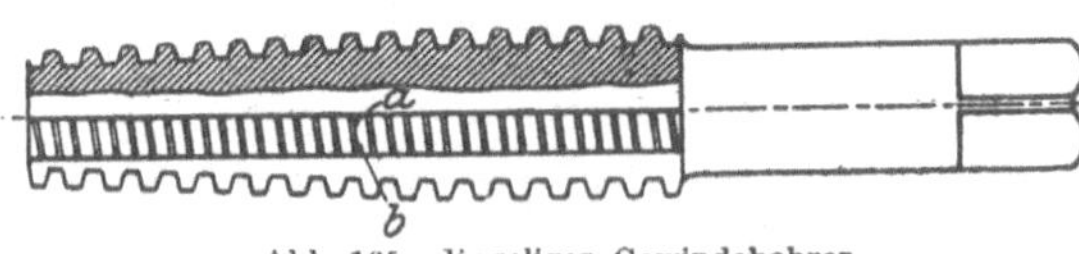

Abb. 165. Kegeliger Gewindebohrer.

stellten Gewindegang eingepreßt. Die dabei entstehende Reibung ist sehr groß; infolgedessen sind solche Bohrer nur unter verhältnismäßig großem Kraftaufwand durch die zu schneidende Mutter hindurchzudrehen, und Brüche sind oft die Folge. Um die große Reibung, besonders in den Flanken, zu verringern, werden die Bohrer häufig hinterfeilt, d. h. der Rücken der einzelnen Zähne wird Gang für Gang in der Flanke freigefeilt, so daß nur die Schneidkante oder nur ein kurzes Stück der Flanke in dem geschnittenen Gewinde anliegt. Dieses Verfahren ist sehr mühselig und teuer. Besser ist es, Bohrer, bei denen ein Freiarbeiten der Flanken nötig ist, zu hinterdrehen; das gewährt nicht nur eine gleichmäßigere Ausführung, sondern ist auch wesentlich billiger als das Hinterfeilen. Man wählt zweckmäßig eine Hinterdrehkurve von 1 mm für größere und $1/_2$ mm für kleinere Bohrer. Um ein Haken beim Schneiden zu verhindern, läßt man an der Schneidkante1···2 mm des zylindrischen Teiles stehen, wie dies auch bei den Bohrern für Feingewinde (Abb. 160) erwähnt wurde.

Besonders gute Ergebnisse erzielt man mit hinterdrehten Bohrern dann, wenn man sie zwangsläufig vorschiebt. Das Arbeitsstück wird auf der Drehbank in ein

Futter eingespannt und der Bohrer in einem entsprechenden Halter in den Werkzeugschlitten. Beim Schneiden wird dann der Werkzeugschlitten durch die Leitspindel wie beim Schneiden mit dem Gewindestahl vorgeschoben.

52. Selbstöffner für Innengewinde. Für kurze Innengewinde von größeren Durchmessern und feiner Steigung werden auch Selbstöffner nach Abb. 166 angewandt. Die Konstruktion ist grundsätzlich ähnlich der für Selbstöffner nach Abb. 152. Die Schneidbacken sind beweglich und können nach Beendigung des Schnittes nach der Mitte zu zurückgezogen werden, so daß das Werkzeug ohne Drehbewegung aus dem Gewindeloch herausgezogen werden kann. Die Vorteile dieser Art Werkzeuge sind die gleichen wie bei den Selbstöffnern für Schrauben.

Abb. 166. Selbstöffner für Innengewinde.

53. Steigungsfehler. Fast alle Gewindebohrer (soweit sie nicht im Gewinde geschliffen sind) sind mit Steigungsfehlern behaftet; diese haben ihre Ursache darin, daß der Stahl durch das Härten sich in seinen Abmessungen verändert. Wenn auch bei guten Fabrikaten diese Fehler nach Möglichkeit auf ein ganz geringes Maß herabgemindert werden, so daß sie z. B. bei Bohrern für gewöhnliche Befestigungsgewinde kaum praktische Bedeutung erlangen, so machen sich die Abweichungen bei Gewindebohrern für längere Muttern, besonders solchen für Spindeln, doch unliebsam bemerkbar. Es empfiehlt sich daher, bei Herstellung solcher Bohrer der erwähnten Neigung des Stahles, sich zu verziehen, in folgender Weise entgegenzuwirken: man schneidet von der gleichen Stahlstange, aus der die Bohrer hergestellt werden sollen, ein Stück ab, dreht es auf die Maße des herzustellenden Bohrers, bestimmt seine genaue Länge und härtet es. Nach dem Härten stellt man durch abermaliges Messen die Längenveränderung fest und kann nun diesen Längenunterschied in die Gewindesteigung einrechnen und die Wechselräder danach bestimmen.

54. Arbeitstoleranzen. Es ist sehr schwierig, Muttergewinde innerhalb enger Toleranzen herzustellen; das Sicherste zur Erreichung genauer Innengewinde ist heute der Gewindebohrer mit geschliffenem Gewinde; hierbei sind mindestens die Steigungsfehler vermeidbar. Maßabweichungen in den Durchmessern können durch die Art des zu verarbeitenden Werkstoffes, den Anschnitt und den Schneidwinkel des Gewindebohrers und auch durch die Art des benutzten Schmiermittels beeinflußt werden. Man kann verschiedene Durchmesser erhalten, wenn die Spanstärke verschieden groß gewählt wird; Gewindebohrer mit langem Anschnitt können andere Durchmesser ergeben als solche mit sehr kurzem Anschnitt; von gleichem Einfluß kann der Brustwinkel sein.

Von großer Bedeutung für die Erzielung genauer Durchmesser und glatter Oberflächen ist die Art des Schmiermittels (vgl. Abschn. 32). Bei SM-Stahl, Messing, Rotguß und Bronze genügt meist Bohrwasser; für Gußeisen nimmt man besser Öl und für Stahl hoher Festigkeit möglichst fettes Öl, etwa in der Güte des Lardöles. Bei Leichtmetallen hat sich Spiritus bewährt.

Gewindebohrer, die schon für Gußeisen benutzt wurden, sollten nicht für Stahl weiterverwendet werden, da sie in solchen Werkstoff meist zu enge Löcher schneiden, sich auch im Loch leicht festklemmen und dann beim Weiterdrehen abbrechen. Die Ursache ist, daß beim Schneiden von Gußeisen die feinen Gußspäne die Schneidkanten des Bohrers leicht runden. Wird nun mit einem solchen Bohrer Stahl geschnitten, so erzeugen die abgerundeten Schneidkanten einen zu kleinen Durchmesser und die Gewindegänge im Rücken des Bohrers klemmen sich im Loch fest.

Die Toleranzen sind bei einem bestimmten Gütegrad stets für die Durchmesser, die Steigung und die Form verschieden groß, und zwar sind sie für den Flankendurchmesser und die Steigung als die wichtigsten Bestimmungsgrößen kleiner als z. B. für den Außen- und Kerndurchmesser. Da diese Durchmesser nicht tragen, können gerade für sie die Toleranzen recht groß sein, was ja auch in dem Spitzenspiel zum Ausdruck kommt (s. Abb. 12).

Weiteres über Arbeitstoleranzen findet sich in Heft 65 „Messen und Prüfen von Gewinden".

VI. Das Fräsen von Gewinden.

55. Allgemeines. Beim Gewindefräsen sind grundsätzlich zwei Verfahren zu unterscheiden:

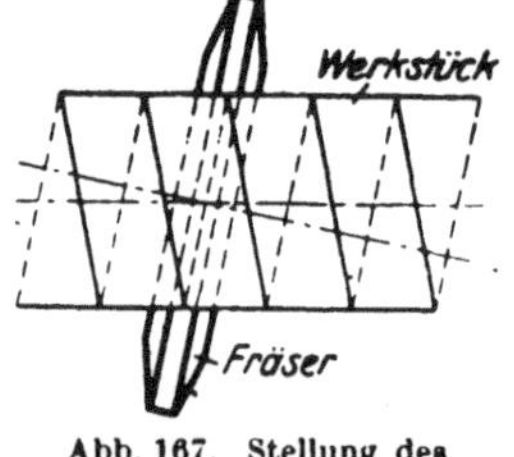

Abb. 167. Stellung des scheibenförmigen Fräsers.

1. Das Fräsen mit einem scheibenförmigen Fräser (Abb. 167), der eine Gewindenut ausfräst, wobei das Werkstück soviel Umdrehungen macht, als Gewindegänge herzustellen sind.

2. Das Fräsen mit einem Gruppenfräser (Abb. 168), wobei das Gewinde bei einer Umdrehung des Werkstückes erzeugt wird.

Beiden Verfahren gemeinsam ist, daß das Gewinde mit einem Schnitt erzeugt werden kann, was natürlich nicht ausschließt, daß man bei höheren Ansprüchen an Sauberkeit und Genauigkeit der Ausführung zwei oder mehr Schnitte nimmt (Schruppschnitt und Schlichtschnitt).

A. Das Fräsen mit scheibenförmigen Fräsern. (Abb. 167.)

56. Das Verfahren ist auf einer gewöhnlichen Drehbank ausführbar, wenn ein besonderer Fräsapparat aufgesetzt wird. Dies ist aber selten wirtschaftlich, vielmehr ist fast immer zu empfehlen, die Arbeit auf besonderen Gewindefräsmaschinen auszuführen, die von verschiedenen Firmen auf den Markt gebracht werden.

Das Verfahren ist besonders vorteilhaft bei der Herstellung von Gewindespindeln, wie Ventilspindeln, Bewegungsspindeln für Werkzeugmaschinen usw. Der Vorteil besteht hier darin, daß mit einer Tiefeneinstellung des Frä

Abb. 168. Gruppenfräser.

sers eine ganze Anzahl von Werkstücken hintereinander gleichmäßig hergestellt werden kann, wobei die Maschine völlig selbsttätig arbeitet, so daß sich bei längeren

Spindeln eine lange Schnittzeit ergibt und ein Arbeiter bis zu sechs Maschinen bedienen kann. Wie bereits erwähnt, kann das Gewinde in der vollen Tiefe mit einem Schnitt hergestellt werden; das Werkstück führt dabei nur die Vorschubbewegung aus, zum Unterschiede gegenüber dem Verfahren auf der Drehbank, wo das Werkstück die Schnittbewegung ausführt. Die Herstellung mehrgängiger Gewinde ist ohne weiteres möglich; es wird hierbei erst ein Gewindegang fertiggestellt, die Maschine in die Anfangsstellung gebracht, die Aufnahmespindel mit Werkstück um eine Teilung geschaltet und danach der folgende Gewindegang ebenso wie der erste gefräst. Der Vorgang ist genau wie bei der Drehbank.

Spindeln werden beim Gewindefräsen allgemein in einer Lünette geführt; diese Lünette steht dem Fräser gegenüber, so daß der Fräsdruck unmittelbar aufgenommen wird

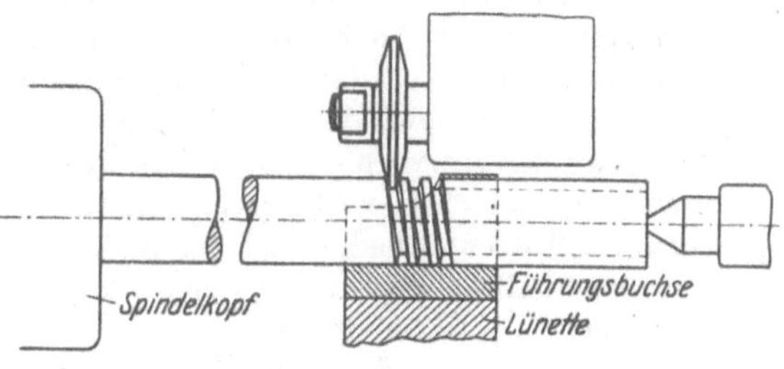

Abb. 169. Fräsen mit Lünette.

(Abb. 169). Die Lünette hat eine auswechselbare Buchse, in deren Bohrung sich das Werkstück führt, so daß also für jeden Werkstückdurchmesser eine Führungsbuchse nötig ist. Die Art der Führung setzt voraus, daß der Außendurchmesser sauber bearbeitet ist und keine großen Unterschiede aufweist. Das Werkstück darf sich in der Führungsbuchse nicht festsetzen, darf aber auch nicht zu viel Spiel haben. Bewährt hat sich der leichte Laufsitz der Feinpassung (DIN). Ist das Werkstück ungleich stark, ist es kegelig oder unrund, so wird das gefräste Gewinde die gleichen Fehler aufweisen. Das Verfahren setzt also für die Vorarbeiten einen gewissen Gütegrad voraus.

Etwas anders verhält es sich, wenn das Werkstück so starr ist, daß seine Unterstützung durch eine Lünette überflüssig ist und die Einspannung zwischen den Spitzen genügt. In diesem Falle ist die Größe des Außendurchmessers und die Beschaffenheit der Zylinderoberfläche nicht von der Bedeutung wie vorher.

57. Profilverzerrung. Beim Fräsen von Gewinden mit scheibenförmigen Fräsern ist im allgemeinen nicht der Genauigkeitsgrad zu erreichen wie unter sonst gleichen Umständen beim Schneiden auf der Drehbank.

Zunächst tritt eine erhebliche **Profilverzerrung** ein, da der Fräser in der Gangrichtung des Gewindes eingestellt werden muß (Abb. 167). Die

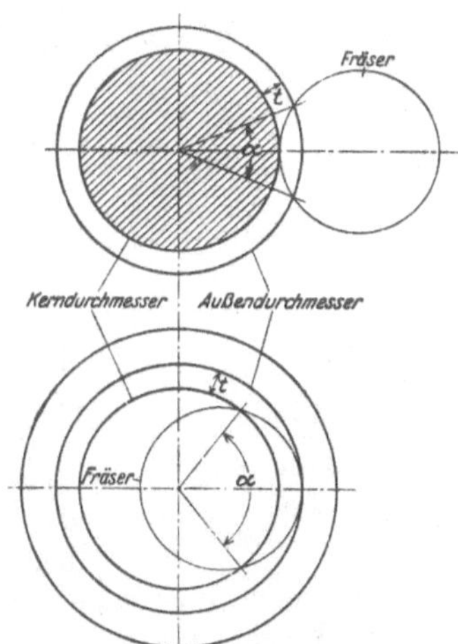

Abb. 170. Eingriffswinkel bei Außen- und Innengewinde.

Erscheinungen sind ähnlich wie bei dem Gewindestahl, der in Gangrichtung eingestellt wird (Abb. 17···19): die Verzerrung wächst mit dem Steigungswinkel. Da die Fräserzähne unter Umständen während der ganzen Eingriffsdauer am Werkstück die einzelnen Punkte der Gewindeflanken bestimmen, so ist für das Maß der Profilverzerrung weiter die Größe des Eingriffsbogens α (Abb. 170) maßgebend: der Eingriffsbogen wächst mit der Gewindetiefe (Maß t), mit abnehmendem Durchmesser des Werkstückes und mit wachsendem Durchmesser des Fräsers.

Bei Innengewinden wird bei gleichen Größenverhältnissen der Eingriffsbogen und damit die Profilverzerrung bedeutend größer. Abb. 170 zeigt in gleichem Größenverhältnis das Eingriffsverhältnis bei Außen- und Innengewinde: der Winkel α ist bei Innengewinde viel größer als bei Außengewinde.

Eine Korrektur des Fräserprofiles derart, daß man dem Fräser eine solche Form gibt, daß er ein richtiges Gewindeprofil erzeugt, ist außerordentlich schwierig; zudem wäre jede solche Konstruktion nur für den der Konstruktion zugrunde gelegten Fräserdurchmesser gültig und bei Änderung des Fräserdurchmessers durch Nachschärfen ungültig. Auch träte an Stelle des feingezahnten ein hinterdrehter Fräser.

Bei dem größten Teil der mit scheibenförmigen Fräsern hergestellten Gewinde handelt es sich um Gewindespindeln zum Bewegen von Maschinenteilen. Hierbei spielt eine Profilverzerrung dann keine große Rolle, wenn die durch die Profilverzerrung verursachte verringerte Anlagefläche an den Gewindeflanken von Spindel und Mutter unbedenklich ist und auch der dadurch verursachte schnelle Anfangsverschleiß hingenommen werden kann. In allen anderen Fällen sollte man die Gewinde auf der Drehbank nachschneiden.

Durch das Fräsen der vollen Profiltiefe in einem Schnitt läßt sich auch bei guter Kühlung eine geringe Erwärmung des Werkstückes nicht vermeiden. Diese Erwärmung genügt, um die Genauigkeit der Steigung zu stören, so daß man aus diesem Grunde Gewinde von genauer Steigung, z. B. Leitspindeln für Drehbänke, Spindeln für Meßmaschinen usw. auf der Drehbank fertigschneiden muß.

58. Wirtschaftlichkeit. Trotz dieser Einschränkungen ist das Fräsen der hier behandelten Gewinde fast überall da, wo es sich um die Herstellung einer größeren Anzahl gleicher Stücke handelt, wirtschaftlich. Der Vorteil liegt jedoch viel weniger, oft überhaupt nicht in der Zeitersparnis für das einzelne Stück, sondern darin, daß ein Arbeiter mehrere Maschinen gleichzeitig bedienen kann und daß auch ungelernte Leute gute Gewinde herstellen können.

59. Art der Fräser. Für Gewinde mit geradlinigem Profil, z. B. Trapezgewinde, empfiehlt es sich, spitzgezahnte Fräser zu verwenden, die ruhiger arbeiten, weniger Kraft verbrauchen und glattere Flächen erzeugen als hinterdrehte Fräser. Die Fräserform nach Abb. 171, bei der jeder Zahn nur an einer Flanke — abwechselnd rechts und links — schneidet, hat sich als die bisher beste gezeigt; der Span wird hier geteilt, die Zahnlücken sind so weit, daß die Späne Raum finden. Zur Bestimmung der Zahnbreite weist ein Zahn am Fräser (A in Abb. 171) beide Flanken auf.

Abb. 171. Spitzgezahnter Gewindefräser.

60. Innengewinde lassen sich nur in sehr beschränktem Umfange mit scheibenförmigen Fräsern herstellen; es kommen nur Gewinde von größeren Durchmessern, geringer Länge und sehr kleinen Steigungswinkeln in Frage, da die Profilverzerrung, wie bereits erwähnt, bei Innengewinden viel größer als bei Außengewinden von gleichen Abmessungen ist (Abb. 170).

61. Selbsttätig arbeitende Drehbänke zum Gewindeschneiden sind im allgemeinen etwas leistungsfähiger als Gewindefräsmaschinen. Diese Maschinenart ist aber in Deutschland so wenig verbreitet, daß von ihrer Behandlung an dieser Stelle abgesehen ist. Dagegen sind natürlich die Drehautomaten mit Werkzeugen auszurüsten, um Gewindestücke zu bearbeiten[1].

[1] Z. VDI Bd. 80 (1936). Selbsttätiges Gewindestrehlen auf Automaten.

B. Das Fräsen mit Gruppenfräsern.

62. Beschreibung des Verfahrens. Hierbei handelt es sich in der Regel darum, Teile mit verhältnismäßig feinem Gewinde oder Gewinde geringer Länge zu versehen. Wegen der nötigen Einrichtungen kommt das Verfahren nur für Reihen- und Mengenfertigung in Frage, und zwar sowohl für Innen- wie Außengewinde.

Der Fräser ist mit hinterdrehten Rillen versehen, die das Gewindeprofil aufweisen (Abb. 168). Die nutzbare Fräserlänge muß etwas größer sein als die Länge des herzustellenden Gewindes.

63. Profilverzerrung. Im Gegensatz zu dem Verfahren mit scheibenförmigem Fräser wird der Gruppenfräser so gelagert, daß seine Achse parallel zur Achse des Werkstückes liegt. Daraus folgt, daß die Profilverzerrungen meist noch größer werden als bei Anwendung des scheibenförmigen Fräsers. Das Profil des erzeugten Gewindes weicht mehr oder weniger von dem des Fräsers ab. Für die Größe des Fehlers ist neben der Größe des Steigungswinkels die Größe des Eingriffswinkels (Abb. 170) bestimmend.

Man kann sich die Art und Größe der Profilverzerrung vor Augen führen, wenn man zu einem mit richtig profiliertem Gewinde versehenen Bolzen einen zweiten Bolzen anfertigt und diesen mit Rillen versieht, die genau die gleiche Form und die gleiche Teilung haben, wie das Gewinde des ersten Bolzens (Abb. 172 u. 173). Da die Zähne des Gewindefräsers alles fortschneiden, was ihnen in den Weg kommt, so kann man den Rillenkörper b mit einem Gewindefräser vergleichen. Würde der Gewindefräser keine Profilverzerrung verursachen, so müßten der Gewindebolzen a und der Rillenbolzen b so aneinander zu legen sein, daß, wenn ihre Achsen in einer Ebene lägen, die stehenden Gewindegänge von a genau in die Profilrillen von b passen. Das ist aber nicht der Fall: es gelingt nicht, beide Körper soweit einander zu nähern, daß der Außendurchmesser von a den Kerndurchmesser von b erreicht (Abb. 174). Man kann sich durch einen so einfachen Versuch sehr leicht von der Größe der auftretenden Fehler überzeugen; man kann auch erkennen, ob man durch

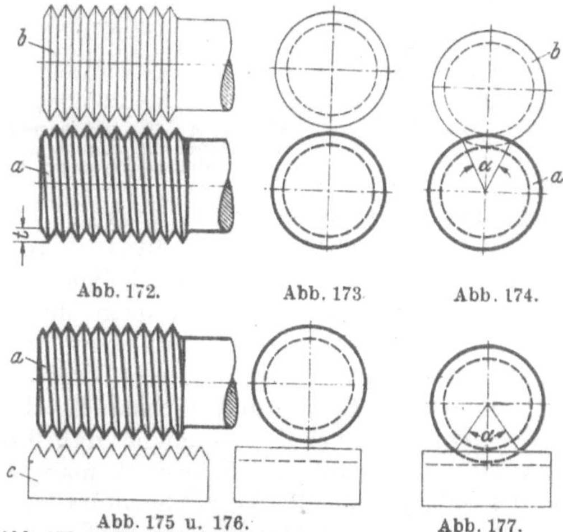

Abb. 172. Abb. 173. Abb. 174.

Abb. 175 u. 176. Abb. 177.

Abb. 172···177. Sichtbarmachung der Profilverzerrung beim Fräsen mit Gruppenfräser.

Änderung des Profilwinkels von b die Größe der Profilverzerrung mindern kann und so den günstigsten Profilwinkel des Fräsers finden. Die Krümmung der Flanken würde aber bleiben.

An dem angeführten Beispiel ist besonders deutlich erkennbar, daß in erster Linie der Steigungswinkel und die Profiltiefe t (Abb. 172) für die Größe der Profilverzerrung bestimmend sind. Der Fehler wächst aber auch mit dem Durchmesser des Fräsers und — da die Erscheinungen beim Gewindeschleifen mit mehrprofiligen Schleifscheiben genau die gleichen sind — mit dem Schleifscheibendurchmesser. Das wird deutlich, wenn man sich den Fräser bzw. die Schleifscheibe unendlich groß vorstellt, so daß ihre Peripherie eine Gerade wird. Auch hier kann man sich mit einfachen Mitteln überzeugen, indem man eine Platte von rechteckigem Querschnitt mit Profilrillen entsprechend dem Bolzen b in Abb. 172 versieht (Abb. 175 u. 176) und nun das Gewinde des Bolzens a in die Rillen von c so einlegt, daß die Achse von a senkrecht zu den Rillen der Platte c liegt (Abb. 177). Man wird dann feststellen können, daß der Eingriff des Bolzens b weniger tief geht, als bei dem Beispiel nach Abb. 174. Daraus folgt, daß die Größe des Eingriffsbogens α bestimmend ist für die Größe der Profilverzerrung.

Da sehr viele Teile, die durch Gruppenfräser mit Gewinde versehen werden, in ihrem Gewindeteil stark beansprucht werden, so ist es nötig, sich zum mindesten von der Größe der auftretenden Fehler zu überzeugen, um danach beurteilen zu können, ob man sie noch hinnehmen kann. Das ist besonders dann nötig, wenn es sich um Außengewinde handelt, deren zugehöriges Muttergewinde mit genau profilierten Gewindebohrern erzeugt wird, weil dann die Unterschiede im Profil von Schraube und Mutter groß sind. Auch bei solchen Teilen, die starken Beanspruchungen ausgesetzt sind, oder Erschütterungen unter Last, ist es nötig, sich darüber Klarheit zu verschaffen, ob die Profilverzerrungen sich in noch zulässigen Grenzen halten.

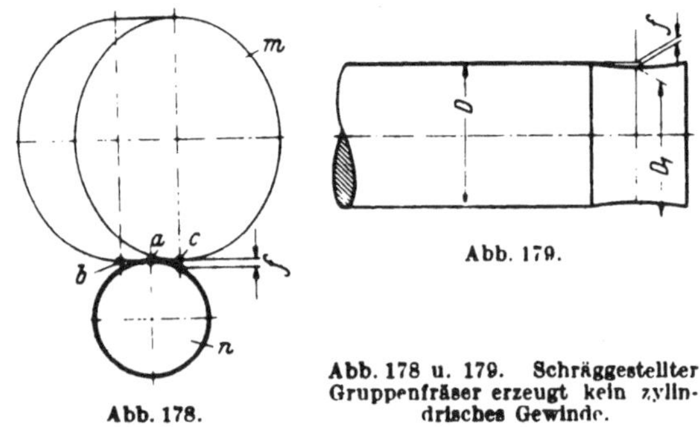

Abb. 178 u. 179. Schräggestellter Gruppenfräser erzeugt kein zylindrisches Gewinde.

Abb. 178.

Abb. 179.

Die Profilverzerrungen können so groß werden, daß sie schon für Erzeugnisse mittlerer Güte nicht mehr annehmbar sind. Um den Fehler zu beseitigen, wird öfter der Weg beschritten, daß man die Achse des Fräsers um den Steigungswinkel des Gewindes zur Werkstückachse neigt; genau wie man das beim Arbeiten mit scheibenförmigen Fräsern tut (Abb. 167). Dadurch wird erreicht, daß die Profilverzerrung geringer wird. Die Teilung der Rillen muß dann natürlich entsprechend dem Steigungswinkel des Gewindes nach dem in Abschnitt 6 Gesagten berichtigt werden. Bei dem Verfahren tritt dann aber ein neuer Fehler auf, der sich viel schlimmer auswirken kann als eine Profilverzerrung. Um dies klar zu machen, stelle man sich Fräser und Werkstück als glatte Zylinder vor. Legt man ein Paar solcher Zylinder so aneinander, daß ihre Achsen in einer Ebene liegen, so erfolgt eine Linienanlage. Schwenkt man die Achse des einen Zylinders, etwa um den Steigungswinkel eines Gewindes (Abb. 178), so tritt nur eine Punktberührung der beiden Zylinder in a ein, während die Punkte b und c, die mit a auf der Geraden des Zylindermantels m liegen, den Abstand f von dem Zylinder n haben. Ist nun m der Fräser und n das Werkstück und nähert man einander soweit, daß auch die Punkte b und c das Werkstück berühren, so erzeugt der Fräser am Werkstück keinen Zylinder, sondern eine Einschnürung in Form eines Hyperboloides (Abb. 179). Die Größe des Fehlers, also die Größe von f in Abb. 178 wächst mit der Größe des Winkels, um den die Achse des Fräsers zur Normalstellung geneigt wird; der Fehler wächst ferner mit der Breite des Fräsers bzw. mit der Länge des zu erzeugenden Gewindes. Bei einem Gewinde von 24 mm Durchmesser, 3 mm Steigung und 30 mm Länge würde das Maß D_1 in Abb. 179 um 0,04 mm kleiner werden als D.

Die Folge eines solchen Fehlers wäre, daß die Schraube in dem zugehörigen Muttergewinde nur an den Enden trägt, während der mittlere Gewindeteil freiliegt und nicht zum Tragen kommt. Da ein solcher Fehler viel schlimmer ist als eine Profilverzerrung, so sollte man das Verfahren nicht anwenden.

64. Anwendung. Das Verfahren ist mit besonderem Vorteil da anzuwenden, wo Schneidköpfe und Schneideisen bzw. Gewindebohrer versagen, also bei großen Gewindedurchmessern, bei dünnwandigen Teilen, die für die Bearbeitung mit Schneideisen oder Gewindebohrern zu wenig starr sind und bei Werkstoffen, die sich sonst schlecht mit Gewinden versehen lassen. Gegenüber dem

Schneiden mit Schneideisen bietet das Gewindefräsen noch den Vorteil, daß die Gewindesteigung so genau wird, wie die des Fräsers ist. Das ist z. B. bei Befestigungsgewinden, die hoch beansprucht werden und deshalb möglichst auf der ganzen in Frage kommenden Gewindelänge tragen müssen, von Wichtigkeit. Da Gewindefräser nach dem Härten auf der Gewindeschleifmaschine mit den Profilrillen

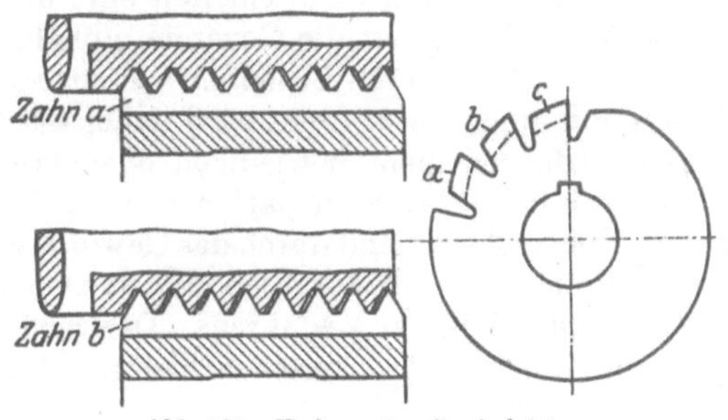

Abb. 180. Verbesserter Gewindefräser.

versehen werden können, Steigungsfehler also praktisch vermeidbar sind, so besteht die Möglichkeit, mit solchen Fräsern Gewinde mit genauer Steigung zu erzeugen.

Ferner bietet das Verfahren den Vorteil, daß ungelernte Arbeiter große Mengen von Teilen hintereinander mit sauberen Gewinden versehen können und daß ein Arbeiter mehrere Maschinen bedienen kann.

Die Leistung der Gruppenfräser läßt sich erhöhen, wenn man sie so ausbildet, daß der Span zerteilt wird, so daß die aufeinanderfolgenden Schneidzähne a, b, c usw. (Abb. 180) abwechselnd die rechte und linke Flanke des Gewindes bearbeiten.

VII. Gewindeschleifen.

65. Bedeutung und Anwendung. Das Gewindeschleifen bedeutet einen erheblichen Fortschritt in der Fertigungstechnik, dessen Auswirkungen für den Maschinenbau noch nicht übersehen werden können. Alle Vorteile, die das Rundschleifen gegenüber den sonstigen Zerspanungsverfahren bietet, gelten auch hier; genaue Durchmesser und glatte Oberflächen lassen sich durch Schleifen leichter erreichen als durch Drehstahl, Schneideisen oder Fräser. Ein weiterer großer Vorteil des Gewindeschleifens besteht darin, daß man Teile aus gehärtetem Stahl mit Gewinden von genauer Steigung versehen kann. Man kann bei solchen Teilen das Gewinde vor dem Härten nach den sonst üblichen Verfahren vorschneiden und nach dem Härten nur nachschleifen, man kann aber auch die Gewinde nach dem Härten aus dem Vollen schleifen. Die Herstellung von Gewindewerkzeugen, wie Gewindelehren, Gewindebohrern, Abwälzfräsern, Schneckenradfräsern und Gewindefräsern ist durch die Einführung des Gewindeschleifens vereinfacht und verfeinert worden. Besonders angenehm ist, daß die Gewindeschneidwerkzeuge im ganzen Gewindeprofil auch hinterschliffen werden können.

Aber auch Maschinenteile können durch Schleifen mit Gewinde versehen werden, so z. B. genaue Leitspindeln für Drehbänke, Spindeln für Meßmaschinen und Schnecken für Schneckengetriebe. Der entscheidende Vorteil bei solchen Teilen ist, daß man sie hart ausführen kann, wodurch ihre Lebensdauer bedeutend erhöht wird.

Das Gewindeschleifen gestattet aber auch, für mit Gewinde ausgerüstete Teile Werkstoffe zu verwenden, die mit den sonst bekannten Verfahren nur unter großen Schwierigkeiten oder überhaupt nicht mit Gewinde zu versehen sind. Es ist schon bei Stahl von 90 kg Festigkeit oft nicht wirtschaftlich, Schneideisen oder Schneidköpfe zum Gewindeschneiden anzuwenden, da der Werkzeugverschleiß zu groß ist; man geht bei solchen Werkstoffen besser zum Fräsen über. Bei noch härteren Werkstoffen, etwa Stahl von $120 \cdots 140$ kg Festigkeit versagen aber auch oft die Fräser. Hier setzt nun das Schleifen ein; man erzeugt heute an Schrauben aus Stahl so hoher Festigkeit die Gewinde mühelos durch Schleifen. Natürlich ist die Gewindeherstellung durch Schleifen bedeutend teurer als die durch Schneideisen, Schneidköpfe und Fräser; man wird daher das Schleifen nur da anwenden, wo die anderen Verfahren nicht befriedigen oder ganz versagen. Die Wirtschaftlichkeit der angewandten Verfahren darf nie außer acht gelassen werden.

Dem Konstrukteur sind durch das Gewindeschleifen neue Möglichkeiten gegeben, die erst allmählich voll ausgeschöpft werden können.

66. Beschreibung des Verfahrens. Das Schleifen der Gewinde erfolgt auf eigens zu diesem Zwecke entwickelten Schleifmaschinen. Man kann natürlich auch auf

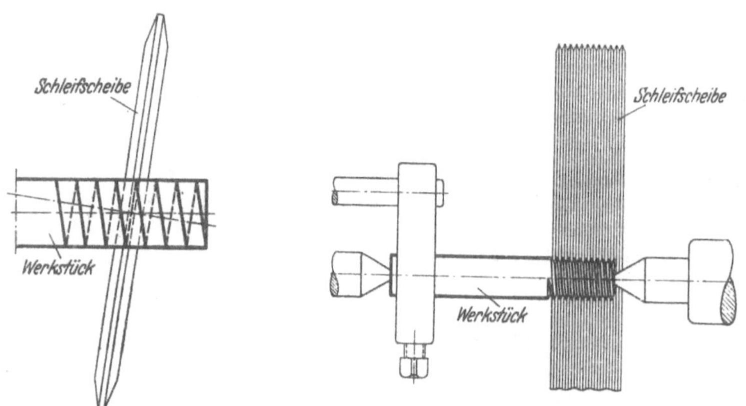

Abb. 181. Gewindeschleifen mit einprofiliger Schleifscheibe.

Abb. 182. Gewindeschleifen mit mehrprofiliger Schleifscheibe.

einer normalen Drehbank auf dem Werkzeugschlitten einen Schleifapparat anbringen und so eine behelfsmäßige Gewindeschleifeinrichtung schaffen; die Ergebnisse, die mit einer solchen Einrichtung zu erreichen sind, sind aber, was Genauigkeit der Abmessungen und Oberflächengüte betrifft, mit denen einer Gewindeschleifmaschine nicht zu vergleichen.

Die theoretischen Betrachtungen über die Verzerrung des Gewindeprofils sind die gleichen, die für das Gewindefräsen gelten (s. Abschn. 57).

Für das Schleifen werden, wie beim Fräsen, zwei verschiedene Verfahren angewendet:

a) Das Schleifen mit einprofiliger Schleifscheibe, wobei die Schleifscheibe um den Steigungswinkel des Gewindes geneigt wird und das Werkstück bei jedem Arbeitsgang soviel Umdrehungen macht, wie es Gewindegänge hat (Abb. 181, zum Vergleich s. a. Abb. 167).

b) Das Schleifen mit mehrprofiliger Schleifscheibe, wobei das Gewinde bei einer Umdrehung des Werkstückes erzeugt wird (Abb. 182). Die Schleifscheibe muß also mindestens so breit sein, wie das zu erzeugende Gewinde lang ist; sie darf nicht im Steigungswinkel des Gewindes schräg eingestellt werden, vielmehr muß ihre Achse mit der des Werkstückes in einer Ebene liegen. Es gilt hier genau das, was im Abschnitt 63 über Profilverzerrung gesagt ist.

VIII. Das Schneiden von Schnecken für Schneckengetriebe.

67. Allgemeines. Bei Schneckengetrieben muß man unterscheiden, ob sie nur zum Übertragen einer Bewegung dienen, wie sie z. B. bei feinmechanischen Geräten, Zählwerken usw. benutzt werden, oder ob sie außer der Bewegung auch Kräfte übertragen sollen. Nur von den letzteren soll hier die Rede sein.

Die Schneckengetriebe haben im Maschinenbau bei weitem nicht die Verbreitung gefunden wie die Stirnrad- und Kegelradgetriebe, trotzdem sie diesen gegenüber, rein konstruktiv betrachtet, große Vorteile bieten. Der geringe Raumbedarf, das fast geräuschlose Arbeiten und die Möglichkeit, große Übersetzungen zu bewältigen, stellen Eigenschaften dar, die den Konstrukteur locken. Es hat auch nicht an Anläufen gefehlt, den Schneckengetrieben eine weitere Verbreitung zu verschaffen, ohne rechten Erfolg. Das reine Zahnradgetriebe beherrscht fast unbestritten das Feld; man denke nur an die Automobilgetriebe und an Antriebe für Arbeitsmaschinen. Erst in den letzten Jahren werden von einigen Firmen Schneckengetriebe mit gehärteten und geschliffenen Schnecken auf den Markt gebracht, die sehr hohen Ansprüchen genügen. Das beweist, daß auf diesem Gebiete noch sehr viel zu erreichen ist; bestimmt aber nicht in der Art und mit den Mitteln, die bisher fast allgemein üblich waren. Zur Herstellung guter Schneckengetriebe ist es nötig, nicht nur die Theorie der Gewinde- und Zahnradkonstruktion zu beherrschen, mindestens ebenso wichtig, vielleicht noch wichtiger ist die völlige Beherrschung der Werkstattmittel.

Die Ursache der verhältnismäßig geringen Verbreitung der Schneckengetriebe ist, daß es bisher noch nicht recht gelungen ist, ihren Wirkungsgrad, ihre Betriebssicherheit und Lebensdauer auf einen befriedigenden Stand zu bringen. Und dafür ist weiter die Ursache, daß nur wenig Fachleute die Eigenheiten der Schneckengetriebe und das, worauf bei der Herstellung geachtet werden muß, genau kennen.

Es liegt in der Natur der Schneckengetriebe, daß in ihnen viel Reibungsarbeit zu leisten ist, die sich zum Teil in Wärme umsetzt. Die Reibungsarbeit zu mindern, muß also erstes Ziel des Konstrukteurs sein. Das kann geschehen durch Wahl des bestgeeigneten Steigungswinkels der Schnecke, richtige Wahl der Baustoffe für Schnecke und Schneckenrad und gute Schmierung. Der Konstrukteur sollte darüber hinaus aber auch ganz genau wissen, mit welchen Werkstattmitteln die Einzelteile seiner Konstruktion hergestellt werden und wie der Einbau erfolgt. Es gibt recht viele, sonst gut eingerichtete Betriebe, die einfach nicht die nötigen Einrichtungen haben, um ein Schneckenrad richtig zu fräsen und in denen man nicht weiß, welche Folgen durch nicht einwandfreies Schneiden der Schnecke und fehlerhaftes Einbauen entstehen können.

Im Nachstehenden soll kurz behandelt werden, was bei der Herstellung der Schnecken zu beachten ist.

68. Profilfehler. Von großer Bedeutung für das gute Arbeiten eines Schneckengetriebes ist das Eingriffsverhältnis von Schnecke und Rad; es soll immer mehr als ein Zahn des Rades mit der Schnecke in Eingriff stehen. Die Schnecke wird dabei als geradflankige Zahnstange betrachtet, mit einem Flankenwinkel, der dem Evolventenwinkel des Schneckenradzahnes entspricht. Demzufolge müßte die Schnecke nach Abschnitt 7, Abb. 17 u. 18, im Schnitt a—b bzw. g—h das verlangte Profil aufweisen. Ist das nicht der Fall, wird vielmehr beim Schneiden der Schnecke nach Abb. 120 bei *a* nach dem Steigungswinkel eingestellt, so wird das Profil verzerrt; das Eingriffsverhältnis wird ein ganz anderes als angenommen und alle Betrachtungen und Berechnungen, die auf einem normalen Schneckenprofil aufbauten, sind hinfällig. Noch schlimmer wird der Fehler, wenn der in der Gangrichtung eingestellte Stahl auch noch über — oder unter Mitte steht (Abb. 121), weil dann das Profil der Schnecke auch noch eine schiefe Lage erhält (Abb. 16). Da die Schnecken meist große Steigungswinkel haben, so sind die auftretenden Profiländerungen beträchtlich.

In der Regel bleiben die hier begangenen Fehler unentdeckt, weil der Konstrukteur und auch viele Betriebsleiter sich darauf verlassen, daß der Dreher die Sache schon richtig machen werde. Eine Kontrolle der ausgeführten Arbeit ist schwierig und die Mittel dafür sind nicht sehr zahlreich; sie sind auch wenig bekannt und selten anzutreffen. Man legt der Sache viel zu wenig Bedeutung bei.

69. Schnecke und Schneckenrad. Man kann die Herstellung der Schnecken nicht behandeln, ohne auch die Herstellung der Schneckenräder zu streifen. Das Verzahnen der Schneckenräder erfolgt fast allgemein mit den bekannten Schneckenradfräsern, die mit tangentialem Vorschub arbeiten. Will man eine korrekte Verzahnung erhalten, so ist selbstverständliche Voraussetzung, daß der Schneckenradfräser nach dem oben Gesagten das richtige Profil hat. Beim Hinterdrehen des Schneckenradfräsers werden nun meist die gleichen Fehler begangen wie beim Schneiden der Schnecken. Man könnte sich nun denken, daß die schädlichen Einwirkungen der Profilverzerrung behoben würden, wenn nur die Profile von Schnecke und Schneckenradfräser übereinstimmten; das heißt, daß man beim Schneiden der Schnecke und beim Hinterdrehen des Schneckenradfräsers Drehstähle mit gleichem Flankenwinkel benutzt, sie in genau gleichem Winkel aber genau auf Mitte einstellt. Man bekäme dann zwar eine wilde Verzahnung, die mit Evolvente nichts mehr zu tun hätte, aber vielleicht doch gut arbeiten könnte. Solche Wege sind hier und da wohl von einzelnen Fachleuten, die sich für die Dinge besonders interessierten, begangen worden und sicher mit mehr oder weniger Erfolg. Die vielen wissenschaftlichen Laboratoriumsuntersuchungen über Schneckengetriebe, die in den letzten Jahrzehnten ausgestellt wurden, bauen ihre Betrachtungen aber fast alle auf, indem sie die Schnecke als geradflankige Zahnstange betrachten. Es sind in diesen Untersuchungen demzufolge wohl viele Trugschlüsse enthalten.

Die Möglichkeit, wenigstens Schnecke und Schneckenradfräser mit gleichem, wenn auch wildem Profil zu versehen, wird nun wenig ausgenutzt, weil der Hersteller der Schnecke meist von dem Hersteller des Schneckenradfräsers nichts weiß. Beide arbeiten in der Regel nebeneinander her, statt zusammen. Daß auf diese Weise kein gutes Ergebnis erreicht werden kann, liegt auf der Hand.

Bei der Herstellung der Schneckenräder sind noch eine Anzahl weiterer Punkte zu beachten, deren Behandlung hier zu weit führen würde.

Neben der richtigen Profilgebung der Schnecken ist von großer Wichtigkeit, daß die Gewindeflanken glatt sind; Riefen und Zittermarken wirken auf die Schneckenradzähne wie eine Feile und sind oft die Ursache von starkem Verschleiß der Getriebe.

Die vielen Fehlerquellen, die bei der Herstellung der Schnecken, der Schneckenräder und der Getriebegehäuse bestehen, ferner die Fehler, die beim Einbau gemacht werden, machen es wirtschaftlich unmöglich, Schnecken und Schneckenräder als auswechselbare Teile herzustellen, sofern man auch nur einige Ansprüche bezüglich Wirkungsgrad und Lebensdauer stellt. Die besten Ergebnisse werden immer noch erzielt, indem man die Schnecken nach Fertigstellung der Schneckenräder und Gehäuse und nach deren teilweisen Zusammenbau einpaßt.

Manuldruck von F. Ullmann G. m. b. H., Zwickau Sa.

(Fortsetzung 4. Umschlagseite)